银基半导体光催化剂

刘文辉 著

化学工业出版社

·北京·

内容简介

《银基半导体光催化剂》共分 4 章，系统、全面地介绍了银基半导体光催化材料的制备、表征、性能及催化机理研究，如 Ag 修饰 Bi_2GeO_5 光催化剂、$Ag@AgCl/ZnCo_2O_4$ 光催化剂、$Ag@AgBr/Cu_2O$ 光催化剂、$Ag@AgI/TiO_2$ 光催化剂、TiO_2/Ag_3PO_4 光催化剂、Ag_3PO_4/CeO_2 光催化剂、Bi_2MoO_6/Ag_3PO_4 光催化剂。本书通过大量的实例进行佐证，强调逻辑性，合成方法具体，规律总结可信。

《银基半导体光催化剂》对银基半导体光催化剂的设计及其光催化降解性能研究具有一定的理论研究意义和实际参考价值，适合相关领域从业人员参考阅读。

图书在版编目（CIP）数据

银基半导体光催化剂 / 刘文辉著． -- 北京 ：化学工业出版社，2023.3.

ISBN 978-7-122-43128-8

Ⅰ．①银… Ⅱ．①刘… Ⅲ．①半导体-光催化剂-研究 Ⅳ．①O643.36

中国国家版本馆 CIP 数据核字（2023）第 048938 号

责任编辑：李 琰 宋林青　　　　　　　　　　装帧设计：韩 飞
责任校对：边 涛

出版发行：化学工业出版社（北京市东城区青年湖南街 13 号 邮政编码 100011）
印 装：大厂回族自治县聚鑫印刷有限责任公司
787mm×1092mm 1/16 印张 9¼ 字数 192 千字 2025 年 3 月北京第 1 版第 1 次印刷

购书咨询：010-64518888　　　　　　　售后服务：010-64518899
网 址：http://www.cip.com.cn
凡购买本书，如有缺损质量问题，本社销售中心负责调换。

定 价：88.00 元

前　言

　　银基半导体光催化材料，由于其禁带宽度窄，能吸收可见光，通常表现出较好的可见光催化活性，近年来正成为新的研究热点。金属银沉积能使光催化剂的光催化性能得到一定程度的改善，银基半导体本身也具有较好的可见光活性，其缺点是不稳定、光照下容易发生光腐蚀，且比表面积小、缺少孔结构。因此，在银基半导体中形成异质结，可以增大光催化活性、提高催化剂的稳定性；改进催化剂制备方法，可以提高银基半导体光催化剂的比表面积、丰富其孔结构；进行形貌和晶面生长控制，使其具有特定形貌或高裸露晶面，可以提高催化性能。

　　因此，我们决定以对银基半导体光催化材料研究领域中比较具有代表性的研究工作进行系统总结为出发点，结合本课题组在银基半导体光催化材料研究领域的研究结果，重点介绍本课题组在银基半导体光催化材料领域，如银掺杂法、卤化银光还原法、磷酸银复合法技术研究中取得的研究成果。

　　本书共分为 4 章。第 1 章为半导体光催化技术基础，包括半导体光催化技术概述、银基半导体光催化剂的研究进展和银基半导体光催化材料的应用；第 2 章着重介绍 Ag 修饰 Bi_2GeO_5 光催化剂的制备及其光催化性能研究。第 3 章着重介绍 $Ag@AgCl/Zn-Co_2O_4$ 光催化剂、$Ag@AgBr/Cu_2O$ 光催化剂、$Ag@AgI/TiO_2$ 光催化剂的制备及其光催化性能研究。第 4 章着重介绍 TiO_2/Ag_3PO_4 光催化剂、Ag_3PO_4/CeO_2 光催化剂、Bi_2MoO_6/Ag_3PO_4 光催化剂的制备及其光催化性能研究。本书通过大量的实例来进行直观描述，强调逻辑性，合成方法具体，规律总结可信，例子选取有代表性，整体内容实用。

　　在本书的编写过程中得到了许多老师的指导和师弟的帮助，在此，真诚地感谢中北大学胡双启教授和曹雄教授在研究过程中给予的学术指导，感谢叶亚明、刘登登、刘佳宜和赵晓月等人的大力协助。此外，在本书撰写过程中引用了国内外一些专家、学者的理论与研究成果，在此一并表示衷心的感谢。

　　由于作者水平有限，书中疏漏和不足之处在所难免，敬请各位读者批评指正。

著　者

2022 年 9 月

目　录

第1章

半导体光催化技术基础

1.1 半导体光催化技术概述

1.1.1 光催化技术简介

随着国家工业的快速发展，环境污染与能源短缺问题日益凸显，制约着人类社会的可持续发展。因此，开发新型环保能源，解决环境污染问题已成为人类社会亟待解决的严峻课题。半导体光催化材料在解决环境和能源问题方面拥有巨大的潜力。一方面，它可以将太阳能转化成化学能或电能，降低能源消耗；另一方面，又可以利用太阳能降解有机污染物，促进水体安全，净化环境。同时，半导体光催化剂又具备稳定、无毒、无腐蚀性、可反复利用等特点，具有广阔的应用前景。半导体光催化技术吸引了社会各界的广泛关注。

光催化技术的关键是光催化剂。光催化剂是指在光辐射下，可以促进或加速化学反应而自身不变的物质。光催化反应是指在光的作用下，光催化剂促进或加速某种化合物合成或降解的过程。光催化反应所需能量来自光能，进而产生催化作用（见图1-1）。自然界中植物的光合作用就是最典型代表。1972年，A. Fujishima 和 Honda 在光电池中受辐射的 TiO_2 表面首次发现了光解水制氢的光催化现象，即通过二氧化钛半导体电极，使光能转化为化学能，这一发现开启了光催化氧化技术的研究和应用。相比于传统的物理、化学和生物污染治理技术，光催化技术是一种反应条件温和、无选择性、无二次污染，能耗低、效率高的"绿色化学法"，能够利用太阳光，将水中难降解有机物无选择性地深度氧化为 H_2O、CO_2 和其他无害小分子，因其对生物降解困难、生物毒性大的污染物的降解效果突出而引起了国内外物理、化学、材料和环境等领域科学家的广泛关注，成为最活跃的研究领域之一。

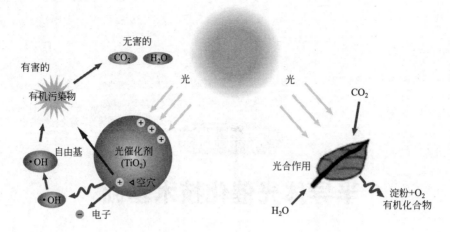

图 1-1　光催化反应过程与光合作用示意图

1.1.2　光催化反应机理

半导体光催化行为是一种能在太阳光的照射下，把光能转变为化学能，进而促进有机物合成或者降解的过程。此过程既包括光反应，又包括催化反应，并且该反应的发生需要光和催化剂的共同作用。半导体光催化的机理主要根据半导体的能带特征提出，其催化过程较为复杂，具体包括以下三个主要的过程：

① 光激发产生载流子。半导体具有由处于顶部富载电子的低能价带（valence band，VB）和位于低部无电子的高能导带（conduction band，CB）组成的能带结构（见图 1-2）。由于导带和价带能级结构是不连续的，因此两者之间存在一个空的能级区，即禁带，价带和导带能级之间的差值即为带隙或禁带宽度（energy gap，E_g）。E_g 决定了半导体材料的光学吸收范围。在光催化反应过程中，半导体吸收能使其发生电子跃迁的高能光子，如图 1-3 所示，电子会跃迁到导带，空穴留在价带，形成具有较高活性的电荷载流子——光激发电子和空穴。一般而言，半导体禁带宽度为 1~5eV，金属导体的禁带宽度一般小于 1eV。此外，当半导体的禁带宽度大于 5eV 时，就可以认为它是绝缘体。

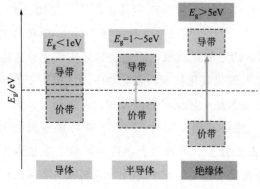

图 1-2　导体、半导体和绝缘体示意图

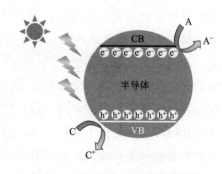

图 1-3　半导体光催化原理示意图

② 电荷载流子的分离、迁移。由于半导体光催化反应过程发生在半导体的表面，故而光激发产生的电子和空穴需要从半导体的内部迁移到表面才能与污染物进行反应。但是光生电子和空穴生成后极易在半导体的内部或表面发生复合，并以光能或热能的形式损失掉。只有成功迁移到半导体表面并且没有发生复合的载流子才能进一步参与光催化反应。

③ 发生氧化还原反应。光催化剂与目标分子处于不同的相态，反应发生在相界面处。光生空穴迁移至半导体表面，直接与吸附在半导体表面的污染物发生氧化反应；或与吸附在半导体表面的 OH^- 或 H_2O 结合形成具有强氧化性的 $\cdot OH$，从而和污染物发生氧化反应。光生电子也迁移至半导体表面与吸附在半导体表面的溶解 O_2 结合成具有强氧化性的 $O_2^{\cdot -}$，从而与污染物发生反应。

光生电子-空穴对的产生：光催化剂$+h\nu \longrightarrow h^+ + e^-$

空穴的反应：
$$h^+ + OH^- \longrightarrow \cdot OH$$
$$h^+ + H_2O \longrightarrow \cdot OH + H^+$$

电子的反应：
$$e^- + O_2 \longrightarrow O_2^{\cdot -}$$
$$O_2 + 2H^+ + 2e^- \longrightarrow H_2O_2$$
$$H_2O_2 + e^- \longrightarrow \cdot OH + OH^-$$
$$H_2O_2 \longrightarrow 2 \cdot OH$$

污染物的降解：　污染物$+ \cdot OH/O_2^{\cdot -} \longrightarrow H_2O + CO_2 +$无害小分子

光生电子和空穴的氧化还原能力不但与半导体本身的能带位置有关，也取决于被吸附物的氧化还原电位。当半导体的导带和价带位置较为合适的时候，电子和空穴将分别与有机污染物发生氧化还原反应，使其降解成为无毒无污染的 CO_2 和 H_2O 等无机小分子物质。然而，并非所有迁移至半导体表面的 e^- 与 h^+ 都能转化成活性自由基（$\cdot OH$ 或 $O_2^{\cdot -}$），或者直接与目标分子发生氧化还原反应，需满足一定的能带电位条件（详见"1.1.3.1 能带结构"分析）。在光催化反应过程中，光生电子与空穴的总量决定了光催化行为的量子效率。光生电子和空穴在迁移过程中能否有效分离对半导体光催化的量子效率有决定性的影响。抑制光生载流子的复合，使电子和空穴在生成之后能够有效地迁移至半导体表面，可以增强光催化效率。光催化过程中最主要的活性物种分别为：空穴（h^+）、羟基自由基（$\cdot OH$）以及超氧自由基（$O_2^{\cdot -}$）。在具体光催化反应（见图1-3）中，可以通过自由基捕获实验对可能存在的活性物种进行验证。

1.1.3　光催化活性的影响因素

影响光催化活性的因素有很多，主要分为外在因素和内在因素两类。外在因素主要涉及光催化的反应条件，包括光源强度、反应温度、反应体系的 pH、污染物的浓度和光催化剂的使用量等；内在因素主要涉及作为光催化剂的半导体材料本身的特性，包括其能带结构、光生电子和空穴的分离效率、晶体结构和晶格缺陷、材料形貌和比表面积等。本书主要讨论内在因素。

1.1.3.1　能带结构

在光催化降解过程中，参与反应的活性因子主要有·OH、$O_2^{\cdot-}$、h^+，其中 O_2 生成超氧自由基所需的电位是 $0.13eV$，H_2O 氧化成·OH 需要的电位是 $1.99eV$，这就说明只有半导体材料的导带电位更负于 $0.13eV$，而价带电位更正于 $1.99eV$，才能保证半导体在吸收足够能量的光子发生跃迁时，形成能够生成具有强氧化性活性因子·OH、$O_2^{\cdot-}$ 的强效光生电子-空穴对。所以光催化材料应选择具有较窄带隙的半导体，使之能够吸收较多的光子。带隙决定了半导体材料的光响应程度和总体效率。同时，半导体价带越正，产生的 h^+ 的氧化能力越强。

1.1.3.2　光生电子和空穴的分离效率

半导体受到激发形成光生电子-空穴对后，只有迁移到半导体表面才能够发生降解反应，因此，提高电子-空穴对的分离效率对提高量子效率很重要。

对光催化反应而言，若分离的电子和空穴在半导体的内部或表面发生了复合，那么光激发载流子在光催化过程中将不会发挥作用。只有当光生空穴和电子被捕获并与给体或受体发生反应，有效的光催化降解行为才可能产生。

常用来表征电子-空穴分离的技术有：电化学阻抗谱分析（EIS）、光电流响应分析、光致发光分析（PL）、时间分辨荧光分析（TRF）、超快瞬态吸收分析（TA）等。

1.1.3.3　晶体结构和晶格缺陷

半导体晶体结构不同，会导致其带隙结构的差异，造成光催化性能不同。同样是二氧化钛，锐钛矿晶型较红金石表现出更加突出的光催化活性。晶体中掺入微量杂质元素后，形成杂质缺陷能级，形成捕获或复合中心，对半导体光催化活性起到加强或抑制的作用。晶格缺陷（见图1-4）主要包括以下几种：

① 点缺陷：是最简单的晶体缺陷，它是在结点上或邻近的微观区域内偏离晶体结构的正常排列的一种缺陷。点缺陷发生在晶体中一个或几个晶格常数范围内，其特征是在三维方向上的尺寸都很小，例如空位、间隙原子、杂质原子等，都是点缺陷，也可称零维缺陷。根据点缺陷不同的成因可以将点缺陷分为三类：本征缺陷、杂质缺陷和电子缺陷。本征缺陷的类型是，在点阵中晶格结点出现空位，或在不该有粒子的间隙上多出了粒子（间隙粒子）；杂质缺陷是点缺陷中数目最多的一类。半径较小的杂质粒子常以间隙粒子进入晶体。离子晶体中如果杂质离子的氧化数与所取代的离子不一致，就会给晶体带来额外电荷，实际晶体中的微量杂质和其他缺陷改变了晶体的能带结构，并控制着其中电子和空穴的浓度及其运动，对晶体的性能具有重要的影响。

② 线缺陷：即晶格中的"位错线"，或简称位错，可视为晶格中一部分晶体相对于另一部分晶体的局部滑移而造成的结果，滑移部分与未滑移部分的交界线就是位错线。位错从几何结构可分为：刃位错、螺旋位错、混合位错。

③ 面缺陷：即晶界和亚晶界。这两种晶格缺陷都是由晶体中不同区域间的晶格位

相过度造成的。金属晶体中的面缺陷主要有两种：晶界和亚晶界；按界面两侧晶体结构之间的关系将其分为平移界面、孪晶界面及晶粒间界三大类别。

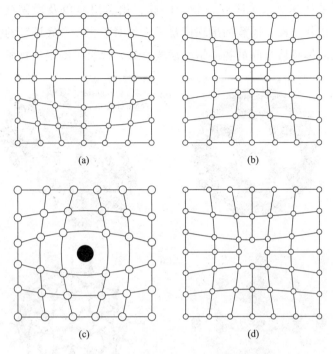

图 1-4　晶格缺陷概述图

1.1.3.4　材料形貌和比表面积

特殊的形貌对半导体光催化活性过程中的某一环节有加强作用。具有不同形貌的同种材料，其尺寸、比表面积及表面活性原子暴露情况等方面可能不同，这就使得材料的能带结构、载流子分离效率不同，最终导致光催化剂的催化活性不同。所以，形貌调控是提高光催化剂活性的有效途径之一。与块状材料相比，低维度的纳米材料具有比较大的比表面积和量子限域效应，所以呈现出独特的光电性能、化学性能和热性能。一维线状、管状和二维片状纳米材料可以提高光生电子-空穴对传输效率，减少电子-空穴对的体内复合，继而提高其光催化效率。对于三维结构的纳米材料，其立体结构便于光子的多次反射吸收，可以提高光子利用效率，同时，它的比表面积高，更有利于反应基质的吸附。可以通过控制材料的不同尺寸来优化其表面体积比、多孔结构和高比表面积。按空间维度可将纳米材料分为以下几种：

（1）零维结构纳米材料

尺寸相对较小的 0D 团簇、量子点和纳米颗粒可以忽略空间电荷层的束缚轻松扩散迁移到反应位点，在增强光捕获和减小电荷转移距离方面具有优势。由于量子限制（QC）效应，0D 材料对光诱导的载流子具有负自由度，从而使激子只存在于离散的轨道能量，会显著影响这些 0D 量子点的电荷分离能力。阻碍 0D 材料可控合成的主要障碍是热力学限制和苛刻的实验要求。

　　团簇在材料科学领域是一个极其宽泛的概念，通常指由几个乃至上千个结构单元（例如原子、分子或离子），通过物理或者化学结合力组成的相对稳定的微观或者亚微观聚集体，也有文献称其为原子团簇、分子团簇、化学团簇以及微团簇等（见图 1-5）。作为一种物质结构新层次，团簇的出现满足了人类对于物质"底层"的探索，弥补了原子、分子与宏观固体物质之间的物质结构层次空缺，代表了凝聚态物质的初始状态。

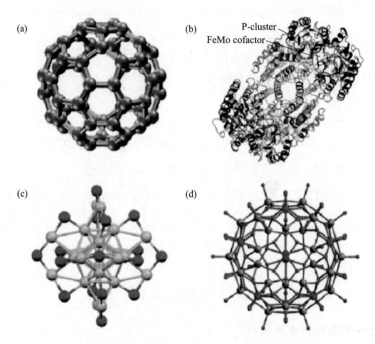

图 1-5　几种典型团簇材料的结构示意图

(a) 足球烯 C_{60}；(b) 钼铁蛋白；(c) Au_{25} 纳米团簇；(d) Ti_{42} 钛氧簇

　　量子点（quantum dot）是把激子在三个空间方向上束缚住的半导体纳米结构，有时被称为"人造原子""超晶格""超原子"或"量子点原子"。这种约束可以归结于静电势（由外部的电极、掺杂、应变、杂质产生）、两种不同半导体材料的界面（例如：在自组量子点中）、半导体的表面（例如：半导体纳米晶体），或者以上三者的结合。量子点具有分离的量子化的能谱，所对应的波函数在空间上位于量子点中，但延伸于数个晶格周期中。一个量子点具有少量的（1～100 个）整数个的电子、电洞或电子电洞对，即其所带的电量是元电荷的整数倍。量子点是一种重要的低维半导体材料，其三个维度上的尺寸都不大于其对应的半导体材料的激子玻尔半径的两倍。量子点一般为球形或类球形，其直径常在 2～20nm 之间。常见的量子点由 Ⅳ、Ⅱ～Ⅵ、Ⅳ～Ⅵ 或Ⅲ～Ⅴ族元素组成。具体的例子有硅量子点、锗量子点、硫化镉量子点、硒化镉量子点、碲化镉量子点、硒化锌量子点、硫化铅量子点、硒化铅量子点、磷化铟量子点和砷化铟量子点等。

　　量子点是一种纳米级别的半导体，对这种纳米半导体材料施加一定的电场或光压，它们便会发出特定频率的光，而发出的光的频率会随着这种半导体的尺寸的改变而变化，因而可以通过调节这种纳米半导体的尺寸来控制其发出的光的颜色，这种纳米半导体拥有限制电子和电子空穴（electron hole）的特性，这一特性类似于自然界中的原子或分子，被称为量子点。小的量子点，例如胶体半导体纳米晶，可以小到只有 $2\sim$ 10nm，这相当于 $10\sim50$ 个原子的直径，在一个量子点体积中可以包含 $100\sim100000$ 个这样的原子。自组装量子点的典型尺寸在 $10\sim50$nm 之间。通过光刻成型的门电极或者刻蚀半导体异质结中的二维电子气形成的量子点的横向尺寸可以超过 100nm。将 10nm 尺寸的量子点首尾相接排列起来可以达到人类拇指的宽度。

量子点的主要性质如下：

① 量子点的发射光谱可以通过改变量子点的尺寸大小来控制。通过改变量子点的尺寸和化学组成可以使其发射光谱覆盖整个可见光区。以 CdTe 量子为例，当它的粒径从 2.5nm 生长到 4.0nm 时，它们的发射波长可以从 510nm 红移到 660nm。而硅量子点的发光可以到近红外区。

② 量子点具有很好的光稳定性。量子点的荧光强度比最常用的有机荧光材料"罗丹明 6G"高 20 倍，它的稳定性更是"罗丹明 6G"的 100 倍以上。因此，可以通过量子点对标记的物体进行长时间的观察，这也为研究细胞中生物分子之间长期相互作用提供了有力的工具。一般来讲，共价键型的量子点（如硅量子点）比离子键型的量子点具有更好的光稳定性。

③ 量子点具有宽的激发谱和窄的发射谱。这是量子点不同于有机染料的明显光学性质。使用同一激发光源就可实现对不同粒径的量子点进行同步检测，因而可用于多色标记，极大地促进了其在荧光标记中的应用。而传统的有机荧光染料的激发光波长范围较窄，不同荧光染料通常需要多种波长的激发光来激发，这给实际的研究工作带来了很多不便。此外，量子点具有窄而对称的荧光发射峰，且无拖尾，多色量子点同时使用时不容易出现光谱交叠。

④ 量子点具有较大的斯托克斯位移。量子点不同于有机染料的另一光学性质就是宽大的斯托克斯位移，可以避免发射光谱与激发光谱的重叠，有利于荧光光谱信号的检测。

⑤ 生物相容性好。量子点经过各种化学修饰之后，可以进行特异性连接，其细胞毒性低，对生物体危害小，可进行生物活体标记和检测。在各种量子点中，硅量子点具有最佳的生物相容性。对于含镉或铅的量子点，有必要对其表面进行包裹处理后再开展生物应用。

⑥量子点的荧光寿命长。有机荧光染料的荧光寿命一般仅为几纳秒（这与很多生物样本的自发荧光衰减的时间相当）。而具有直接带隙的量子点的荧光寿命可持续数十纳秒（$20\sim50$ns），具有准直接带隙的量子点如硅量子点的荧光寿命则可持续超过 100μs。在光激发情况下，大多数的自发荧光已经衰变，而量子点的荧光仍然存在，此时即可得到无背景干扰的荧光信号。总而言之，量子点具有激发光谱宽且连续分布、而发射光谱窄而对称，颜色可调，光化学稳定性高，荧光寿命长等优越的荧光特性，是一种理想的荧光探针。

　　纳米粒子（见图 1-6）是指粒度在 1～100nm 之间的粒子（纳米粒子又称超细微粒），属于胶体粒子大小的范畴。它们处于原子簇和宏观物体之间的过渡区，介于微观体系和宏观体系之间，是由数目不多的原子或分子组成的基团，因此它们既非典型的微观系统亦非典型的宏观系统。1959 年末，诺贝尔奖获得者理查德·费曼在一次演讲中首次提出纳米概念，但真正有效地研究纳米粒子开始于 20 世纪 60 年代。1963 年 Uyeda 等人用气体冷凝法制备了金纳米粒子。1984 年德国科学家 Gleiter 等人首次用惰性气体凝聚法成功地制得铁纳米微粒，标志着纳米科学技术正式诞生。近年来，越来越多的科学家致力于纳米材料的相关研究中并在其制备、性质和应用方面都取得了丰硕的研究成果。

图 1-6　纳米粒子概述图

　　纳米粒子表面活化中心多，这就提供了纳米粒子做催化剂的必要条件。目前，可以直接将纳米微粒如铂黑、银、氧化铝、氧化铁等作为催化剂用于高分子聚合物氧化、还原及合成反应，可大大提高反应效率，利用纳米镍粉作为火箭固体燃料反应触媒时，燃烧效率可提高 100 倍；催化反应还表现出选择性，如将硅载体镍催化剂用于丙醛的氧化反应，镍粒径在 5nm 以下时，醛分解得到控制，生成酒精的选择性急剧上升；在磁性材料方面有许多应用，例如可以用纳米粒子作为永久磁体材料、磁记录材料和磁流体材料；高纯度纳米粉可作为精细陶瓷材料，具有坚硬、耐磨、耐高温、耐腐蚀等优点，且有些陶瓷材料具有能量转换、信息传递功能；纳米粒子可作为红外吸收材料，如 Cr 系合金纳米粒子对红外线有良好的吸收作用；纳米材料在医学和生物工程也有许多应用，已成功开发了以纳米磁性材料为药物载体的靶向药物，称为"生物导弹"。

　　（2）一维结构纳米材料

　　一维结构的纳米材料（1D），如纳米线（NWs）、纳米带（NBs）、纳米针（NNs）、纳米棒（NRs）、纳米管（NTs）和纳米纤维（NFs）等，因其特殊的形貌结构在光催化领域应用广泛。一维纳米材料的形成都要经过粒子聚集和生长的过程。一些材料很容易生长成一维结构，这是由晶体结构中的各向异性的键决定的。当固体物质原子、离子或分子浓度较大时，会聚集成一个簇，随着簇的增大，簇会成为一个晶种，以便形成更大尺寸的结构。而要形成一维、大小均一的结构，可以通过以下几个方面考虑：引入固体-液体界面来减少晶种的对称性；以一维纳米材料为模板合成一维纳米材料；通过控制过饱和度来修饰晶种；加入表面活性剂从动力学角度控制晶种各个晶面的生长速度。例如，胡勇等在室温下以 Ag_2CO_3 纳米棒作为牺牲模板，在无水体系中通过快速酸刻蚀离子交换制备出一系列 Ag_nX（X＝S，Cl，PO_4，C_2O_4）纳米管，其中，有机溶剂和酸的加入量是形成管状结构的决定性因素。

（3）二维结构纳米材料

二维结构纳米材料（2D），如纳米薄片、纳米片等，通常具有原子层厚度和极大的横向尺寸，其直径厚度比率通常大于100。当多层材料变薄到几层或单层时，由于量子限域效应，会展现出与本体材料完全不同的电子特性。与纳米多孔材料、纳米线或纳米管相比，二维纳米材料暴露的晶格均匀，并在相同质量负载下活性位点浓度更高。二维材料具有带隙可调和、容易掺杂等特性，在催化剂设计领域中引起研究人员的极大兴趣，极高的比表面积也使其成为超级电容器和新型电池电极材料的理想选择。众所周知，在反应过程中，阴离子可以很好地吸附在表面能最高的暴露表面上，从而抑制相应表面的生长，通过其他方向的正常生长，得到二维形态。

（4）三维结构纳米材料

三维纳米结构是指由零维、一维、二维中的一种或多种基本结构单元组合成的复合材料，其中包括：横向结构尺寸小于100nm的物体；纳米微粒与常规材料的复合体；粗糙度小于100nm的表面；纳米微粒与多孔介质的组装体系等。

三维结构纳米材料（3D），如花状微球、中孔微球、核壳结构等，通常具有丰富的孔隙度、较大的比表面积和独特的形貌，活性位点数目充足，有利于催化反应的扩散动力学。其中，以均一孔结构单元（如介孔、大孔）组装形成的3D有序孔材料具备独特的结构优势：第一，相互贯通的孔道结构能够促进反应物和产物分子的扩散；第二，有序孔结构使入射光在催化剂内部发生散射，从而增强材料的光吸收能力；第三，有序孔结构能够缩短光生载流子迁移路径，促进光生载流子迁移。

增加催化剂可以使催化剂表面积增加，从而使有机物与催化剂接触概率增加，促进了催化反应的进行；但当投入量过多时，催化剂相互覆盖，厚度增大，会阻挡光的透射深度，还会引起光的散射，使光催化效果下降，只有适当的剂量才能提高其光催化性能。

1.1.4　半导体光催化性能的提高途径

光催化剂光催化性能的提高途径主要包括：离子掺杂、贵金属沉积、光敏化、构筑异质结等。

1.1.4.1 离子掺杂

离子掺杂后，在半导体晶格中形成杂质能级，改变其能带结构，减小带隙能，提高半导体催化活性。离子掺杂主要是金属离子掺杂和非金属离子掺杂。

（1）金属离子掺杂

金属离子掺杂主要包括 Fe、V、Mo 等过渡金属以及 La、Ce、Er 等稀土金属的掺杂，研究主要集中于掺杂离子种类和掺杂量。掺杂的金属大多呈现多种价态，从电子学的角度，金属离子的掺杂有两方面的作用：一是形成掺杂能级，使半导体光催化材料的吸收波长向可见光区拓展，提高光子的利用率；二是形成捕获中心或造成晶格缺陷，有效抑制光生电子和空穴的复合。如 Fuerte 等详细对比研究了 V、Cr、Nb、Mo、W、Mn、Fe、Ni 和 Ce 等多种金属离子掺杂对 TiO_2 可见光催化活性的影响，发现金属离子掺杂的 TiO_2 样品的光催化性能均优于未掺杂的 TiO_2 样品。Choi 等系统研究了 21 种金属离子掺杂对 TiO_2 光催化活性的影响，发现 Fe^{3+}、Mo^{5+}、Re^{5+}、Ru^{3+}、V^{4+}、Rh^{3+} 等离子掺杂均可提高 TiO_2 的光催化活性，其中 Fe^{3+} 掺杂后光催化活性提高最明显。Casey 等将 Co、Fe、Mn、Ni 等金属原子注入到 ZnO 晶格中后，ZnO 光催化剂的性能得到不同程度的改善。然而，金属离子掺杂也存在局限性，如热和化学稳定性不高，金属离子掺杂形成的杂质能级多是分立的，不利于光生电子-空穴对的分离和迁移，故光催化效率提高有限。

（2）非金属离子掺杂

非金属离子掺杂主要包括 C、N、F、S 的掺杂等，使用非金属掺杂剂替代了主催化剂晶格中的氧，这有助于扩大其光吸收范围，并缩小非金属掺杂剂 p 轨道的带隙，使得半导体的能带边缘向可见光区移动，增加了光子吸收，从而提高了光催化效率。Yamaki 等将 F 原子引入并取代了 TiO_2 晶格中 O 的位置，得到的 $TiO_{2-x}F_x$ 光催化剂在紫外光和可见光下降解气相乙醛均表现出高于商用 P25 的催化活性，其认为 $TiO_{2-x}F_x$ 的高活性是由催化剂表面酸度的增加、氧空位的生成以及活性位的增多引起的。Wang 等制备了 S 掺杂的 S-TiO_2，实验结果表明，在太阳光照射下，S-TiO_2 对 1-萘酚-5-磺酸的降解率相比未掺杂的 TiO_2 样品提高了 3.2 倍左右。Liu 等制得的 F/$BiPO_4$ 光催化剂中，当 F/Bi 的摩尔比为 0.03 时，其光催化活性相对未掺杂的 $BiPO_4$ 提高了 30%。

（3）共掺杂

尽管单组分掺杂可以在一定程度上提高半导体的光催化活性，但是单元素的掺杂难以同时拓宽光谱响应范围及提高量子效率。稀土金属元素由于其独特的 4f 电子结构，不但可以形成捕获中心，抑制光生电子-空穴对的复合，而且可以在晶格内引入缺陷，而非金属元素的掺杂可显著减小半导体的禁带宽度，基于上述理论依据，通过选择合适的稀土元素和非金属元素进行共掺杂，以不同机制协同作用可进一步提高半导体的光催化能力。Chen 等采用改性的溶胶-凝胶法制备了 Ce-N 共掺杂 TiO_2/硅藻土复合材料，

发现当 Ce^{3+} 的掺杂浓度为 0.5%（物质的量分数）时，催化剂表现出最佳的可见光光催化降解土霉素的活性，一方面，N 掺杂使 TiO_2 禁带变窄产生可见光效应，另一方面，Ce^{3+} 掺杂不但可以增大比表面积，并且可以作为电子捕获陷阱，两者共同作用从而提高可见光活性。Wu 等采用溶剂热-煅烧两步法制备了 Nd-C 共掺杂 TiO_2 光催化剂，实验得出 Nd 的最佳掺杂量为 2%（原子数分数），此催化剂在 $200\sim900nm$ 的紫外-可见光波长范围内均有吸收，在可见光照射下，对 NO_x 气体有很好的降解效果，且对甲基橙也有很高的脱色率，共掺杂催化剂活性高于未掺杂和单掺杂的催化剂。Nasir 等采用简单的溶胶-凝胶法制备了 Ce-S 共掺杂 TiO_2 光催化剂，在可见光下共掺杂可以大幅提高对染料 AO-7 的降解，Ce^{3+} 的掺杂能够阻止 TiO_2 晶型向金红石相的转变，且可以阻止晶粒的长大，而 S 掺杂提高了催化剂吸收可见光的能力，在禁带中形成杂质能级，因此这种光催化剂表现出了优越的光催化活性。

1.1.4.2 贵金属沉积

贵金属沉积在半导体表面后，在光催化反应过程中主要起如下三种作用：电子陷阱效应、表面等离子体共振效应、助催化剂效应。

（1）电子陷阱效应

半导体材料与贵金属复合后，由于贵金属的费米能级较低，在界面处会形成肖基势垒，半导体中的电子会流向贵金属直至二者的费米能级相同。在贵金属表面具有活性很强的高能电子，或者直接与氧化剂发生反应，或者与吸附在其表面的 O_2 结合成具有强氧化性的 $O_2^{\cdot-}$ 再发生降解反应，使半导体光生电子与空穴的分离效率增强，光催化活性提高。

金属与半导体构成的异质结叫肖特基结。肖特基结光催化剂的基本工作原理如图1-7所示。半导体的功函数一般比金属小，所以当金属与半导体（以 n 型半导体为例）接触时，电子就从半导体流向金属，在半导体表面层形成一个带正电的不可动的空间电荷区。与半导体间的异质结不同，肖特基结的空间电荷层位于半导体，只有半导体能被光激发。光激发肖特基结时，从半导体越过界面进入金属的光致电子并不发生积累，而是直接形成漂移电流流走。即肖特基结不但具有使光生电子和空穴分离能力，而且能够快速把光生电子迁移走，对空穴参与光催化反应有利。

肖特基结光催化材料常用的金属有 Pt、Ag、Pd、Au 等。这是因为这些贵金属化学性质稳定，功函数较大，费米能级更正，使半导体光生电子能够迁移到金属。金属和半导体形成肖特基结后，半导体材料被光激发，产生光生电子和空穴，光生电子从半导体导带迁移到金属，且由于肖特基势垒，电子无法回迁，这样就与空穴位于不同部位，有效地抑制了光生电子-空穴的复合。

（2）表面等离子体共振效应

表面等离子共振（SPR）是一种光学现象。Au、Ag、Cu 等贵金属纳米粒子在入射光（交变电场）的照射作用下，其表面自由电子因受到电磁力的作用而发生极化，伴随

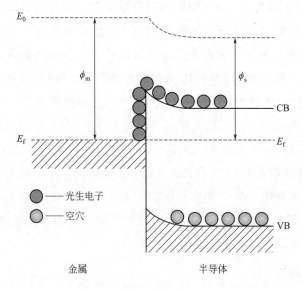

图 1-7　肖特基结光催化剂的基本原理示意图

着光波的频率而发生集体性振荡。当自由电子的固有振荡频率与入射光波频率一致时，即可发生共振，这一现象称为表面等离子体共振（localized surface plasmon resonance，LSPR）。LSPR 主要是由材料的尺寸、形状、介电环境、电子密度和激光的波长、偏振方向等因素决定的。特别地，当贵金属粒子的尺寸小于 10nm 时，易产生 LSPR 现象。LSPR 可促使金属表面的局域电场放大。贵金属与半导体复合后，半导体产生电子-空穴对，金属纳米颗粒表面也会产生电子-空穴对，引起 LSPR 现象，使得复合后的光催化材料响应光谱增大，且金属纳米颗粒可以作为电子陷阱捕获光生电子，使得复合物光生电子和空穴分离率增高，从而提高其光催化效率（见图 1-8）。

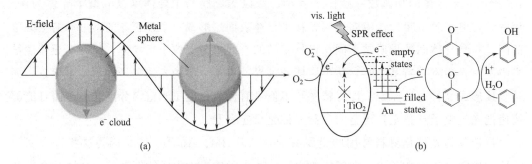

图 1-8　（a）表面等离子共振；（b）贵金属修饰半导体光催化机理

（3）助催化剂效应

在催化剂中加入的另一些物质，本身不具活性或活性很小，但能改变催化剂的部分性质，如化学组成、离子价态、酸碱性、表面结构、晶粒大小等，从而使催化剂的活性、选择性、抗毒性或稳定性得以改善。这样的物质叫助催化剂（见图 1-9）。按助催化剂的作用，常分为以下几种：

① 结构型助催化剂，用于增进活性组分的比表面积或提高活性构造的稳定性，如合成氨用的铁-氧化钾-氧化铝催化剂中的氧化铝。

② 调变型助催化剂，可对活性组分的本性起修饰作用，因而改变其比活性（见催化活性），如前述铁-氧化钾-氧化铝催化剂中的氧化钾。

图1-9 助催化剂概述图

③ 毒化型助催化剂，能使某些引起副反应的活性中心中毒（见催化剂中毒），从而提高目的反应的选择性，如在某些用于烃类转化反应的催化剂中，加入少量碱性物质以毒化催化剂中引起炭沉积副反应的活化中心。

常用的助催化剂是掺入金属氧化物催化剂中的金属离子，还原性或氧化性气体或液体，以及在反应过程中或在使用前加入催化剂中的酸或碱。例：合成氨的铁触媒里，加入少量铝和钾的氧化物，可使铁的催化活性增大10倍，延长寿命。

1.1.4.3 光敏化

有些物质不能直接吸收某种波长的光，即对光不敏感，但若在体系中加入另外一种物质，该物质能吸收这种光辐射，并把光的能量传递给反应物，使反应物能够发生化学反应。所加入的这种物质就称为光敏剂，这样的反应称为光敏化反应。

染料能够吸收可见光达到激发态，如Li等使用方酸菁染料（ISQ）敏化TiO_2使其光响应区域扩展至可见光区，并且加强了其光催化活性，如图1-10所示。

1.1.4.4 构筑异质结

众所周知，半导体之间构筑异质结是制备高效光催化材料的有效策略。到目前为止，异质结材料的研究主要集中在pn异质结、常规异质结、直接Z型异质结等方面。

（1）传统Ⅰ型、Ⅱ型、Ⅲ型

如图1-11所示，Ⅰ型异质结中，半导体B的能带结构位置被A完全包含，由于

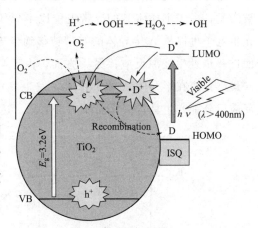

图1-10 染料ISQ敏化TiO_2纳米粒子可见光响应机理示意图

能带差的存在，光生电子和空穴的迁移方向均由半导体A指向B，富集在半导体B上参与反应；Ⅱ型异质结中，两半导体能带处于错位状态，由于电势差作用，光生电子转移到半导体A的CB，空穴与之迁移方向相反，富集于半导体B的VB中，内部不存在

电场；对于Ⅲ型异质结，两个半导体能带之间无任何重叠部分，不发生载流子的迁移。对比三种传统型异质结，人们对Ⅱ型异质结的研究最为广泛。Ren 等通过简单的一步溶剂热法合成了独特的花状 $Bi_2WO_6/BiOBr$ 催化剂。通过光降解亚甲基蓝和四环素来评估 $Bi_2WO_6/BiOBr$ 的光活性，结果表明，由于构建Ⅱ型异质结并使用［C16mim］Br 作为 Br 源，增强了光吸收，并改善了电荷携带的空间转移和分离，因此复合材料的光催化活性得到显著提升。

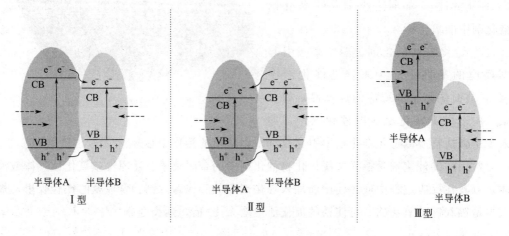

图 1-11　异质结中光生载流子转移

（2）p-n 型异质结

典型的 p-n 型异质结由 p 型半导体和 n 型半导体构成。以 p-n 型异质结为例，异质结半导体光催化剂的基本工作原理如图 1-12 所示：在光照射下，首先窄能带半导体 A 被激发，由于半导体 B 的导带电位比半导体 A 的导带电位更正（以标准氢电极参考），光生电子可以从 A 半导体的导带转移到半导体 B 的导带，转移的电子在半导体 B 的表面进一步发生还原反应；另一方面，由于半导体 A 的价带比半导体 B 的更负，光生空穴最终聚集在半导体 A 的价带上，发生氧化反应。光生电子和空穴各自发生氧化还原反应后分别产生具有氧化性能的自由基，达到消除有机污染物的目的。另外，有研究表

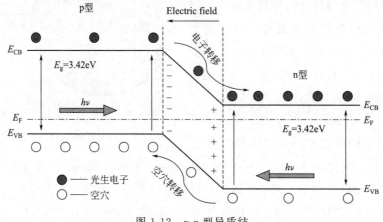

图 1-12　p-n 型异质结

明光生电子和空穴在异质结界面转移的速率非常快，量子点异质结界面的转移速率可达到皮秒级，所以光生电子与空穴在界面容易被分离，延长了光生载流子的寿命，降低了电子与空穴的复合概率，提高了催化剂的光催化效果。p-n结被光激发后，由 p 区注入 n 区的电子或由 n 区注入 p 区的空穴都要先形成一定积累，然后靠扩散运动向表面传递。

（3）Z 型异质结

在 Z 型异质结中，由于导电介质的存在，肖特基结可以作为光生载流子的接收器，使载流子在界面单向迁移，光生电子由 PS-Ⅱ 指向 PS-I，h^+ 和 e^- 分别遗留在原位参与催化过程，由于强界面内建电场、能带边缘弯曲、电子空穴库仑力的协同效应，加速消除无用 h^+ 和 e^-，不仅可以有效阻止光生载流子重组，同时还保留了 e^- 和 h^+ 的最大氧化还原能力，被广泛应用于光催化领域。

（4）S 型异质结

S 型异质结由 n 型氧化光催化剂和 n 型还原光催化剂组成。达到平衡后，两种半导体的费米能级处于同一能级，光生电子在内部电场的驱动下，迁移到氧化光催化剂上，空穴与之相反会转移到还原光催化剂上。

构筑异质结方法简单，通过改变半导体粒子的大小，容易调节带隙和光谱吸收范围。利用不同组分间光生电子和空穴的相互迁移，可以增强单一光催化材料的化学稳定性。此外，通过复合具有不同功能的半导体光催化剂，可以克服单一组分性质单一等缺点，拓展单一光催化材料的性质，使应用更加广泛。如将磁性铁氧化物与半导体光催化剂复合，制备出的磁性光催化剂不仅具有异质催化剂的优点，还具有良好的磁分离回收性能。因此，构筑异质结成为目前改进催化剂光催化效率最有潜力的方法之一。

Wang 制备了 Ag_2O/Ag_3PO_4 复合光催化材料。光催化降解甲基橙和苯酚表明，Ag_2O/Ag_3PO_4 复合光催化材料的降解效率优于纯 Ag_3PO_4，并且 Ag_2O 的复合、Ag_3PO_4 的反应稳定性得到很大改善，循环反应 4 次后其光催化效率仍可基本保持不变。Xu 等在 $g-C_3N_4/Ag_2CO_3$ 复合光催化材料性能测试中得到类似结果。$g-C_3N_4/Ag_2CO_3$ 复合光催化材料的光催化效率分别是单一 $g-C_3N_4$ 和 Ag_2CO_3 纳米颗粒的 8 倍和 3 倍，并且 Ag_2CO_3 的光化学稳定性得到很大提高。

1.1.4.5 其他

除了半导体本身的电子能带结构对半导体光催化剂的催化活性有较大影响外，半导体的微观结构，特别是半导体的尺寸、形貌、暴露晶面等因素与半导体的光催化活性也有密切的关系。因此，可通过控制酸碱度、温度和时间等反应条件，添加模板和表面活性剂等结构导向剂，控制某些晶面的优势生长，由此制备特殊形貌的半导体材料，以此提高半导体光催化剂的光催化活性。Gordon 等用不同的铁源，制备出了不同暴露晶面的 TiO_2，研究结果表明，暴露（101）晶面程度高的 TiO_2 的光催化效率高于暴露（001）晶面的 TiO_2。Zan 等制备了具有高（001）暴露晶面的 BiOI，相比不暴露晶面的 BiOI，其光催化降解 RhB 染料的效率整整提高了 7 倍。Zhang 等对比了 Bi_2WO_6 纳米板、螺旋组装结构和花状结构等不同形貌对 RhB 染料的光催化降解效率的影响，结果发现，由于花状结构的三维结构材料比表面积大，提高了 RhB 染料及反应中间产物的吸附，其光催化活性远高于其它结构的 Bi_2WO_6。

1.1.5 提高光催化材料分离的改性技术

在光催化技术应用过程中，除了光催化性能以外，半导体光催化材料的分离回收性能也是需要重点考虑的问题之一，特别是纳米级的光催化剂，固液分离时的损失往往是造成纳米级催化剂浪费的主要途径。

目前，提高光催化材料有效分离的方法大体可以分为两类：一类是将光催化剂固定在载体（如玻璃、金属板、纤维等）上制成固载的催化剂；另一类是制备具有磁分离性能的催化剂。

1.1.5.1 光催化材料固定化

光催化材料固定化所使用的功能性载体大都是稳定的无机或高分子材料。一般来讲，适宜的载体需具备良好的化学稳定性、机械强度、透光性，与光催化剂之间要有较强的结合力。与粉末状光催化剂相比较，经固定后，由于材料比表面积有所减小，反应活性位点减少，吸光效率降低，一般来说光催化活性都有不同程度的降低。

目前，常用的固定化载体主要有玻璃、陶瓷、不锈钢网、硅胶、金属锭片、黏土、多孔吸附剂和高分子聚合物等。常用的制备方法包括：化学沉积法、溶胶-凝胶法、粉末烧结法、电泳沉积法、浸渍法等。Lee 等使用浸渍法负载了 $0.3\mu m$ 厚度 TiO_2 到玻璃表面，实现了光催化剂的循环再利用。Behnajady 等研制了玻璃板固定床式光催化反应器系统，并采用粉末烧结法将 ZnO 固定到透明玻璃板上，实现了光催化剂在连续进水情况下的循环使用。Park 等利用化学沉积法在玻璃珠上负载了 TiO_2，并将其与浸渍法进行对比，发现化学沉积法制备的颗粒尺寸较为均一，与使用浸渍法固定的 TiO_2 相比，具有更高的活性。Shi 等采用浸渍法将 TiO_2 负载于大颗粒粉煤灰（CFA）上。相比悬浮态的商用 P25，虽然 TiO_2/CFA 的光催化活性有所损失，但其在静置 60min 内即可沉淀析出。Ren 等首先在 TiO_2 颗粒表面沉积多层带电聚合物电解质，接着利用溶胶-凝胶法将正硅酸乙酯（TEOS）前驱体包覆在聚合物电解质改性的 TiO_2 颗粒表面，最后利用 TiO_2 光催化剂的强氧化性除去聚合物电解质，从而形成核/壳结构完整的 $TiO_2/void/SiO_2$ 复合光催化剂。

1.1.5.2 光催化材料磁性化

相比固载型的光催化剂，将纳米磁性材料与半导体光催化剂复合，不仅可以利用纳米颗粒的巨大比表面积，又可提供有助于固液分离的磁性。可见纳米磁性颗粒作为光催化剂的载体，使光催化剂兼具悬浮型催化剂和固载型催化剂的优点，具有极大的应用潜力，因此，近年来逐渐受到研究者的关注。

目前，人们常用的磁性载体主要有 Fe_3O_4、Fe_2O_3、Co_3O_4、$MnFe_2O_4$、$NiFe_2O_4$、$CoFe_2O_4$ 等，其中 Fe_3O_4 磁性纳米粒子因其来源广泛、价格低廉、生物兼容性好、毒

性低、制备简单等特性，在光催化材料磁性化研究领域得到了广泛的应用。而 Fe_3O_4 的强导电性，有助于提高半导体光催化材料的光生电子-空穴对的迁移效率，从而进一步提高半导体光催化剂的光催化活性。Xi 等制备了具有壳核结构 Fe_3O_4/WO_3 复合光催化剂，研究发现，Fe_3O_4 在复合光催化剂中不单是起到了磁性分离再利用的作用，同时还可以促进电子和空穴的分离，增强了量子效率。Li 等制备研究了具有磁分离性能的 Fe_3O_4/Ag_3PO_4 复合光催化剂，结果表明，Fe_3O_4/Ag_3PO_4 复合光催化剂的光催化活性和化学稳定性都显著优于纯 Ag_3PO_4，并且该复合催化剂在外加磁场下很容易回收。Xuan 等将 TiO_2 颗粒负载到 Fe_3O_4 纳米磁铁矿颗粒上，制备了磁性光催化剂，实现光催化剂的快速磁回收。Zhang 等合成了 $Fe_3O_4/BiOCl$，因其产物特殊的耦合结构，该复合催化剂降解有机物的效率较高，且易被外部磁场流体化，易于回收。

1.1.6　光催化材料的发展趋势

经过几十年的发展，光催化技术及相应的材料研究已经取得了一定的成果，光催化技术在多个领域得到了广泛的应用，但目前光催化材料要达到高效还存在挑战。人们对光催化过程内部机理的研究还不够深入，开发新型高效的光催化材料时没有理论指导，这会使研究人员面临无法根据相关理论或规律对新型材料进行研究，对新型的光催化材料无法根据理论确定其是否能与太阳光谱匹配等问题，导致高效光催化材料进展缓慢。高效的光催化体系一般为多相体系，这涉及界面化学等学科的问题，而目前对表面、界面的研究较少。降低电子-空穴复合率是提高量子效率的关键，而将电子-空穴对分离需要经过多个步骤，机理复杂。如何提高光催化剂的稳定性也是必须考虑的问题。

未来光催化材料的发展将围绕以下几点：一是高效的可见光响应能力。目前，已见报道的许多半导体光催化材料的禁带过宽，导致只能在紫外光下响应。而紫外光的能量仅占太阳能的 4% 左右，占太阳能总能量 43% 的可见光区的能量亟须得到利用。二是高效的量子利用效率。目前报道的许多半导体光催化材料由于受到其原有电子、晶体结构的限制，光激发后产生的光生电子-空穴对在迁移过程中容易发生复合而难以有效参与光催化反应，显著降低了光催化反应的量子效率。寻找抑制光生电子-空穴对复合的方法，保证更多的分离后的光生电子-空穴能迁移到催化剂表面并参与反应，这是提高光催化效率的关键。三是高效的分离回收能力。从实际应用的角度来讲，为提高液相反应体系中光催化剂的利用率，解决催化剂流失、回收困难及费用高等问题，光催化剂需具备高效的分离回收性能，而这已成为光催化技术应用迫切需要解决的关键问题之一。

1.2　银基半导体光催化剂的研究进展

研究制备具有高量子效率、能充分利用可见光的高活性光催化剂成为未来光催化技术的发展方向。银基材料被广泛应用于催化领域，同时也是一种重要的无机光敏剂材料，近年来研究发现，由于 Ag^+ 的 d^{10} 电子结构能够不同程度地调整能带位置，银基半导体材料大都具有较窄的带隙，在可见光激发下具有良好的氧化还原能力，其作为一类新型窄带隙光催化材料，有着极强的研究和开发潜力，因此，逐渐受到国内外研究者的广泛关注。目前研究较多的银基半导体材料主要分为金属银沉积和掺杂、卤化银及其复合物、银基金属及多金属氧化物、银基非金属氧化物及其复合物等类型。

1.2.1 金属银沉积和掺杂

通过贵金属负载的方式，光催化剂的活性明显提高。贵金属 Ag 不存在带隙，但是 Ag 纳米粒子中存在自由电子，光照射时，Ag 纳米粒子中的自由电子发生能级跃迁，表观上表现为对特定波长产生强吸收，也就是所谓的等离子体效应（LSPR）。这样在 Ag 纳米粒子内部跃迁到高能级上的电子相当于半导体导带，停留在低能级上带正电荷的空穴相当于半导体的价带。但是由于库仑引力的存在，在 Ag 纳米粒子内部产生的光生电子和空穴很快复合，整体基本不表现出光催化活性。而 Ag 沉积到半导体光催化剂表面会改变体系中的电子分布，在 Ag 单质和半导体界面处形成肖特基（Schottky）势垒，使 Ag 纳米粒子表面带少许负电，直至彼此费米能级平衡，如果半导体能被光激发产生光生电子-空穴对，光生电子进一步转移至半导体表面负载的 Ag 颗粒上，从而增强半导体光生电子和空穴的分离效率；若半导体不能被光激发，那么 Ag 颗粒吸收足能量光子后，产生的热电子就会进一步转移到半导体导带，从而使光生电子-空穴对分离，整体光催化性能增加。离子掺杂使得半导体晶格内部引入掺杂能级，增加半导体光吸收范围；还可能引起晶格应变，产生氧空位，提高其光生载流子分离效率。

东南大学薛金娟基于贵金属复合通过煅烧-光沉积的方法构筑了 $Au/Pt/g\text{-}C_3N_4$ 复合物，实验结果表明 $g\text{-}C_3N_4$ 只能吸收 460nm 以下的光，$Au/Pt/g\text{-}C_3N_4$ 复合物在 $200\sim 800nm$ 范围都有光吸收能力，并且在降解抗生素 TC-HCl 的反应中表现出最佳光催化性能，相比于 $g\text{-}C_3N_4$，其光催化降解速率提高了 3.4 倍。吉林大学连建设教授组采用湿化学法制备了 Fe 掺杂 ZnO 纳米棒，实验结果表明 1.0%Fe 掺杂 ZnO 纳米棒表现出最好的光催化活性，这是由于掺杂 Fe 后形成缺陷能级捕捉电子从而促进光生电荷分离。

1.2.1.1 Ag 修饰 Bi_2GeO_5 光催化剂

Bi_2GeO_5 作为一种典型的 Aurivillius 型氧化物，是由 GeO_4 四面体层和 Bi_2O_2 离子层交替排列而构成的层状钙钛矿结构衍生化合物，Bi_2GeO_5 的禁带宽度为 3.35eV，是 n 型半导体材料，具有稳定无毒的特征，有望应用于光降解污染物。这种 Bi_2GeO_5 的层状结构可以有效地提高催化剂的量子效率，因而具有较好的光催化作用，可作为氧化罗丹明 B（RhB）的催化剂。然而由于其载流子迁移性较差，且光生电子-空穴复合率高，严重影响 Bi_2GeO_5 的催化活性，其实际应用受到限制。金属掺杂或贵金属负载能够明显提高材料光催化性能。当不同价态的过渡金属离子进入半导体的晶格中时，半导体会产生晶格应变，产生空位氧，提高光生电子和空穴的分离效率，改善其光催化性能。同时，在一定程度上离子掺杂能够使半导体的带隙结构改变，带隙能变小。而贵金属负载到半导体表面，与半导体在纳米尺度结合时，由于各自具有不同的费米能级，在界面处会形成 Schottky 势垒，为了最终费米能级的持平，电子从光催化剂流向金属，从而抑制了载流子的复合。Xu 课题组制备了掺杂量不同的 Co-ZnO 纳米结构光催化剂，实验结果显示，Co-ZnO 复合后催化活性比单一的 ZnO 纳米材料高出很多，与预期相符合。Masakazu Anpo 等通过把 Pt、Ru 纳米粒子负载到 TiO_2 研究其光催化性能，结果显示，光催化性能得到很大提高。

笔者在实验中采用一步溶剂热法，以一定比例的水和二乙醇胺混合物为溶剂，$AgNO_3$ 为 Ag 源，用 Ag 修饰 Bi_2GeO_5 纳米粒子，制备 Ag 修饰的 Bi_2GeO_5 光催化剂。通过光降解 RhB 和 TNT 对样品的光催化活性进行测试，评估了不同配比的 Ag 修饰对光催化性能的影响。结果表明，$0.1Ag$-Bi_2GeO_5（此处指 Ag 的质量分数为 0.1）光降解 RhB 和 TNT 的性能要优于其他修饰比例的 Bi_2GeO_5。适量 Ag 修饰提高了 Bi_2GeO_5 光催化剂的电荷分离和转移。

在光催化降解 TNT 的过程中，Ag-Bi_2GeO_5 能明显加速 TNT 在紫外光下的降解，这说明 Ag 的掺杂和负载能够有效提升 Bi_2GeO_5 光催化剂光催化降解 TNT 的性能。在光催化降解 RhB 的过程中，$0.1Ag$-Bi_2GeO_5 光催化剂光催化分解 RhB 的活性明显优于纯 Bi_2GeO_5、$0.2Ag$-Bi_2GeO_5 和 $0.3Ag$-Bi_2GeO_5。另外，稳定性循环降解结果表明，$0.1Ag$-Bi_2GeO_5 层状微花具有优异的化学稳定性，这主要得益于适合的 Ag 修饰量提高了 Bi_2GeO_5 光催化剂的电荷分离和转移。

1.2.1.2 Ag 修饰 N 掺杂 TiO_2 薄膜光催化剂

在采用贵金属沉积法对 TiO_2 薄膜进行改性的研究中，已开展了不少对 Ag 的研究，Ag 修饰的 TiO_2 薄膜制备工艺简单，光催化活性较好，但研究重点集中在光催化氧化方面。

Chen 等采用磁控溅射多次沉积法和拼靶法，制备贵金属 Ag 修饰非金属 N 掺杂的 TiO_2 薄膜，并对其进行表征，研究其结构、表面形貌、表面元素化学态、光吸收性能对光催化还原性能的影响。

最终结果表明，Ag 修饰 N 掺杂 TiO_2 薄膜结晶性良好，且均为锐钛矿结构。薄膜表面粗糙，经 Ag 修饰的薄膜，对 350nm 之前光的吸收强度相同，对 350~800nm 之间光的吸收强度随着 Ag 含量的不同略有差别。Ag 的修饰使薄膜的吸收光谱的吸收向可见光方向红移，红移程度随着 Ag 含量的不同而不同；多次沉积法制备的 Ag-N-TiO_2 薄膜的光催化还原性能没有得到明显改善，Ag-N-TiO_2 100s 薄膜的性能最优；多次沉积法制备的 Ag-N-TiO_2 薄膜的光催化还原性能明显优于未经 Ag 修饰的 N-TiO_2 薄膜，

Ag-N-TiO$_2$ 120s 薄膜的光催化还原性能最优；采用拼靶法制备的 Ag-N-TiO$_2$ 薄膜中，Ag 在薄膜的表面都以 Ag$_2$O 的形式存在。Ti 有 Ti^{4+} 和 Ti^{3+} 两种存在形式，Ag 修饰有利于 Ti^{4+} 转化为 Ti^{3+}。适量 Ag 的修饰可以提高薄膜的光催化还原性能，Ag 含量超过一定范围，薄膜的光催化效果反而减弱。Ag 含量为 6.21%（原子数分数）的薄膜具有最优的光催化还原性能。

1.2.1.3　g-C$_3$N$_4$/Ag/TiO$_2$NTs 复合光催化材料

Kong 等在 TiO$_2$ 上电化学沉积 Ag，制备出 Ag/TiO$_2$NTs 光催化材料。Ag 纳米颗粒的表面等离子体共振效应可提高 TiO$_2$ 的光催化性能。但是，Ag 纳米颗粒的可见光响应区域较窄且强度较低。氮化碳（g-C$_3$N$_4$）的禁带宽度为 2.7eV，比表面积大且化学性质稳定，是一种理想的窄带隙光催化材料。

Tan 等用钛箔阳极氧化法制备 g-C$_3$N$_4$/Ag/TiO$_2$NTs 复合材料，在模拟太阳光照射下研究其对西维因（1-萘基-N-甲基氨基甲酸酯）的光催化降解性能。最终结果显示，在紫外光和微波的辅助下，采用阳极氧化法可制备 g-C$_3$N$_4$/Ag/TiO$_2$NTs 复合光催化材料。g-C$_3$N$_4$/Ag/TiO$_2$NTs 材料催化活性的提高，可归因于 Ag 优异的电荷传导性能和表面等离子共振效应，提高了对可见光的吸收；g-C$_3$N$_4$ 与 TiO$_2$ 形成的异质结降低了光生电子-空穴对的复合效率。

1.2.1.4　g-C$_3$N$_4$/CeVO$_4$/Ag 复合光催化剂

Qian 尝试利用水热合成法制得 g-C$_3$N$_4$/CeVO$_4$ 复合材料，然后光沉积 Ag 纳米粒子合成不同质量分数的三元复合光催化剂 g-C$_3$N$_4$/CeVO$_4$/Ag，研究其在可见光下对甲基橙的光降解性能。

在光催化过程中，g-C$_3$N$_4$/20%CeVO$_4$/4%Ag 对甲基橙的光催化降解活性最好，其降解率在 60min 达到 92%。增强的光催化活性主要归因于异质结的形成和 Ag 纳米颗粒的表面等离子体共振作用（SPR）。异质结的形成可以显著增加比表面积，使其对可见光的吸收增强，也可以有效地促进光生载流子的传输；Ag 的 SPR 效应不仅可以增强可见光的吸收，还可以加快半导体中空穴和光生电子的形成速度。综上所述，g-C$_3$N$_4$/CeVO$_4$/Ag 三元复合材料在可见光下表现出较好的稳定性和降解效率，为今后的光催化研究工作提供了一种简单、高效、经济的设计思路，并为其进行大规模工业化生产及应用提供了理论基础。

1.2.1.5　Ag 负载纳米 SnO$_2$/TiO$_2$ 复合光催化剂

多年来研究者们围绕提高 TiO$_2$ 光催化反应量子效率进行了深入而广泛的研究并取得一些重要进展，在众多改性手段中半导体复合是提高光催化效率的有效手段。当 2 种或 2 种以上的半导体材料复合时，其催化活性可能会显著改变。复合半导体对于载流子的分离作用不同于单一半导体材料。由于具有两种不同能级的导带和价带，复合半导体光照激发后光生电子和空穴将分别被迁移至 TiO$_2$ 的导带和复合材料的价带，从而实现了载流子的有效分离。

Wei 等采用溶胶-凝胶法制备了纳米 SnO_2/TiO_2 复合光催化剂，采用光还原法制得 Ag 负载纳米 SnO_2/TiO_2 复合光催化剂，进而探讨了 Ag 负载纳米 SnO_2/TiO_2 光催化剂的光吸收特性与其光催化性能之间的关系并将其用于自然光下炼油厂污水降解。结果表明纳米 SnO_2/TiO_2 光催化剂的钛锡比为 156：1（质量分数）时的光催化剂具有较高的光催化活性；在氙灯照射下 Ag 负载 SnO_2/TiO_2 的活性明显增强，具有很强的可见光活性。废水处理实验结果表明，太阳光照射 2h，炼油厂废水 COD 值由原始的 844mg/L 降低至 472mg/L，去除率为 44.08%；太阳光照射 5h，COD 去除率可以达到 76.78%，且色度和气味均全部去除。实验表明 Ag 负载纳米 SnO_2/TiO_2 复合光催化剂（摩尔比为 1：1）对炼油厂废水 COD 有较好的去除效果。

1.2.1.6 Ag 掺杂二氧化钛可见光催化剂

Shi 等采用其课题组制备的 TiO_2，对其进行 Ag 掺杂改性，针对可见光催化降解亚甲基蓝，优化催化剂制备条件，并采用 SEM、EDS、XRD、FT-IR、TGA 等对催化剂进行表征，以期探讨 Ag 掺杂 TiO_2 催化剂在可见光下降解目标物的机制。

贵金属掺杂可以改变 TiO_2 的表面性质，使材料易获得光生电子，能有效改善 TiO_2 光催化过程中存在的禁带宽度大、光催化活性低等缺陷。由于 TiO_2 的费米能级较高，金属的费米能级较低，当 TiO_2 表面和金属相互接触时，会使载流子重新分布，这样贵金属与 TiO_2 之间的电子会不断地从 TiO_2 向金属迁移，形成 Schottky 势垒，抑制光生电子-空穴对的复合。Ag 的费米能级最低，富集电子的能力最强，因而贵金属 Ag 的掺杂可以大幅度提高材料的光催化活性。

利用焙烧法成功掺杂 Ag 制备出了 Ag/TiO_2 可见光催化剂，以亚甲基蓝为目标物考察了其在可见光下的光催化活性及其影响因素。结果表明，该催化剂在制备条件为 Ag 掺杂量为 1.0%、焙烧温度 800℃、焙烧时间 3h 时，光催化效果最好。该光催化剂活性的提升得益于 Ag 的掺杂，以及 TiO_2 的金红石型和锐钛矿型的混晶结构。

1.2.2 卤化银及其复合

山东大学黄柏标课题组使用光致还原的方法制备出 Ag/AgX（X＝Cl，Br，I），实验结果表明其表现出良好的光催化性能及光化学稳定性。AgCl 带隙能为 3.28eV，理论上不具有可见光吸收，但是 AgCl 在光致还原的过程中，在其表面会生成少量 Ag 形成 Ag/AgCl 等离子体，从而使之具备一定可见光吸收性能。而 AgBr 和 AgI 的带隙能分别为 2.6eV 和 2.8eV，能吸收可见光并产生光生电子-空穴对，从而使部分 Ag^+ 还原成 Ag 单质，然后半导体产生的光生电子转移至 Ag 上，阻止了 Ag^+ 继续光腐蚀成 Ag，保证了体系自稳定。太原理工大学赵志换组采用化学沉积-沉淀结合还原法，将 Ag@AgX（X＝Cl，Br，I）与 TiO_2 纳米颗粒（商用 P25）复合，制备了 Ag@AgX/TiO_2，实验结果表明 Ag@AgI/TiO_2 在可见光照射 90min 后，对 50mL 20mg/L 的甲基橙溶液的降解率达到 91.2%，实验效果最佳。安徽理工大学刘少敏教授采用水热法和两步合成法

制备了 $Ag@AgCl/Bi_2WO_6$ 催化剂，以双酚 A 为目标污染物，在模拟太阳光下进行光催化降解实验，实验结果表明，双酚 A 初始浓度为 3mg/L、催化剂投加量为 0.03g、pH＝11 时，可见光照射 1h 后，$Ag@AgCl/Bi_2WO_6$ 催化剂对双酚 A 的降解率可达 92％。

1.2.2.1　g-C₃N₄/AgBr/BP 异质结材料

$g-C_3N_4$ 具有稳定性良好、易于制备和成本低的优点。$g-C_3N_4$ 的能带位置可以满足光解水产 H_2 和 O_2 的要求。然而，$g-C_3N_4$ 比表面积较小，光生电子-空穴对复合速度太快，因此，研究人员提出了不同的策略来提高 $g-C_3N_4$ 的性能，例如，将其制备为管状、片状、球形和 3D 多孔形状来扩大其比表面积，或者在 $g-C_3N_4$ 中引入其他元素以调节光学和电子性能。构建 $g-C_3N_4$ 异质结以抑制载流子复合是一种非常有效的方式，主要包括将金属/半导体/其它碳材料/导电聚合物和 $g-C_3N_4$ 构建异质结提高 $g-C_3N_4$ 的光催化活性。

AgBr 优良的光学性能和催化活性引起了人们的广泛关注。光照时，Ag^+ 将与 AgBr 的 CB 电子反应形成金属 Ag。少量的 Ag 产生的 SPR 效应可以增强 AgBr 的可见光催化活性，然而光腐蚀产生过量的 Ag 会抑制 AgBr 的光催化活性。如果电子可以在与 Ag^+ 反应之前被传输或消耗，那么 AgBr 的稳定性将会得到改善。为了有效地防止光腐蚀过程，构建异质结是一个很好的方法。$g-C_3N_4$ 构成的异质结复合光催化剂也已被引入 AgBr 材料中，并被证明具有优异的光催化增强作用。由于 AgBr 易于产生 Ag，Ag 纳米颗粒被证明是提高 AgBr 的光催化活性和稳定性的有效方法。然而，Ag 纳米颗粒的制备涉及复杂、可控性差且耗时的过程，同时，所制得的 Ag 纳米颗粒较大且分散，不利于 SPR 效应。如上所述，光腐蚀严重抑制了材料的光催化性能。构建具有较高的光催化性能的三元 AgBr 异质结仍然是一项挑战，特别是避免使用贵金属 Ag 纳米颗粒，并有效地抑制 AgBr 中的光腐蚀。

作为一种新型的二维材料，BP 由于其独特的性能而在光催化领域引起了极大的关注，一方面，BP 具有可调的带隙和极高的载流子传输率；另一方面，BP 具有更大的比表面积和更长的电荷扩散路径等诸多优异的特性。然而，BP 的不稳定性会严重阻碍其发展。改善 BP 稳定性的方法包括功能化、表面钝化和掺杂。PDDA 功能化是一种非常有效的钝化技术，既可以抑制 BP 的表面氧化，又能提高 BP 在水相剥落中的稳定性和分散性。

Yu 等提出了一种新型的 S 体系异质结机理。S 体系异质结的电荷传输是"阶梯"型的。由于两种不同的功函数半导体会产生费米能级差，因此会导致形成内建电场。由于内建电场的作用，氧化型光催化剂（OP）的 CB 处电子与还原型光催化剂（RP）的 VB 中空穴复合，因此在 RP 的 CB 和 OP 的 VB 中会发生活性更强的光催化反应。已经报道了这种机理的异质结光催化剂，例如，Li 等开发了 BP/BiOBr 复合 S 体系异质结光催化剂，极大地提高了光催化效率。Xu 等深入研究了自组装合成 $TiO_2/CsPbBr_3$ S 体系异质结光催化剂，提高了 CO_2 的产生效率。

基于 S 体系异质结的能带匹配原理，刘云燕等设计了一种新型的三元 CN/AgBr/BP 光催化剂，通过简单的共沉淀方法，使具有优良的电子传输特性的 CN 和 BP 代替了 Ag 纳米颗粒，以克服 AgBr 在其他三元材料半导体/AgBr/Ag 复合材料中容易发生的光腐蚀缺陷。PDDA 功能化可以有效地改善 BP 在水相剥离中的稳定性和分散性。通过将 CN 和 BP 复合到 AgBr 材料中，极大地提高了 AgBr 催化剂的比表面积和光吸收效率。其构建的三元 CN/AgBr/BP 复合物直接表现出双 S 体系构型，促进了电荷分离，同时也抑制了 AgBr 的光腐蚀，提高了光催化活性和稳定性。

1.2.2.2 $AgCl/AgIO_4$ 复合材料

AgCl 是一种常用的半导体材料，并且容易与另一种半导体复合制备复合型光催化材料，例如 $AgCl/BiOCl$、$Ag/AgCl/TiO_2$ 和 $AgCl/Ag/AgFeO_2$ 等。然而，其光催化性能仍然有待提高。高碘酸银（$AgIO_4$）具有较好的光催化活性，其直接带隙宽度为 1.69eV，其导带和价带位置分别比 AgCl 的价带和导带位置更低。两者的能带相匹配，将其制备成高效复合光催化材料具有理论可行性。因此，Wang 等利用原位法将 AgCl 与 $AgIO_4$ 复合制备复合光催化剂。

实验结果显示：$AgCl/AgIO_4$ 复合材料相比于 AgCl、$AgIO_4$ 纯物质，具有明显优异的光催化活性。当 $AgCl/AgIO_4$ 配比为 1∶5 时表现出最高的光催化降解性能（见图 1-13），对于 30mg/L 的 RhB 溶液，可在 30min 内降解效率达 96.3%。$AgCl/AgIO_4$ 复合光催化剂对可见光响应的区域较宽，且具有较高的光生电子和空穴的分离效率。

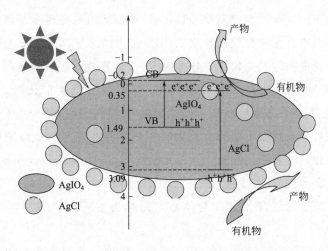

图 1-13　$AgCl/AgIO_4$（1∶5）的光催化机理

1.2.3 银基金属及多金属氧化物

银和 p 区/d 区金属形成的银基多金属氧化物（如：$AgAlO_2$、$AgGaO_2$、$AgInO_3$、$AgSbO_3$、$AgNbO_3$、Ag_2GeO_3、Ag_2CrO_4 等）的可见光催化能力亦受到研究者关注，

这些多金属氧化物，价带由 Ag4d 和 O2p 杂化轨道组成，抬升了价带位置；导带由 Ag5s5p 和 p 区金属的 s 或 p 轨道/d 区金属的 d 轨道杂化而成，从而形成了具有可见光响应能力的银基多金属氧化物。Ouyang 等研究对比了 α-AgGaO₂、α-AgInO₂、β-AgAlO₂ 和 β-AgGaO₂ 在可见光下光氧化异丙醇的活性，发现 α-AgGaO$_2$＞β-AgAlO$_2$＞β-AgGaO$_2$＞α-AgInO$_2$。Liu 等报道了 $AgSbO_3$ 在可见光下具有高效的催化降解 RhB 染料的性能，并且多次循环使用后，光催化活性保持稳定。Deng 等为了进一步优化 $AgCrO_4$ 的可见光催化活性，尝试将 $AgCrO_4$ 负载上 g-C_3N_4，结果表明，g-C_3N_4 的高比表面有效抑制了 $AgCrO_4$ 纳米颗粒的团聚，且两者之间匹配的能带结构提高了光生电子-空穴对的迁移效率，在催化降解甲基橙和 RhB 染料反应中，与纯 $AgCrO_4$ 相比，$AgCrO_4$/g-C_3N_4 具有更高的光催化活性。浙江大学史惠祥课题组通过水热法制备出 $AgFeO_2$ 可见光催化剂，实验结果表明，水热时间为 6h 的样品，表现出最佳光催化性能，在 180min 内 10mg/L 的甲基橙降解率达到 97％。安徽师范大学耿保友教授采用水热法制备了 $AgVO_3$ 纳米带，并将其与 AgBr 复合并通过光诱导还原，形成 $AgVO_3$@AgBr@Ag 异质结构，实验结果显示在可见光源照射下反应 2min，RhB 降解率达到 70％，表现出很好的光催化效果。武汉理工大学余家国教授通过静电自组装技术制备 Ag_2CrO_4/g-C_3N_4/GO 三元复合物并将其应用在可见光还原 CO_2，结果显示，当 Ag_2CrO_4 与 g-C_3N_4 的质量比为 10％、GO 与 g-C_3N_4 的质量比为 1％时，复合物具有最高的光催化性能，是商用 P25 和纯 g-C_3N_4 的 1.3 倍和 2.1 倍。

1.2.3.1　AgBr/β-Ag₂WO₄/g-C₃N₄ 三元复合光催化剂

近年来，关于构建双 Z 型（双 Z-scheme）异质结的研究逐步开展，由于在双 Z 型异质结光催化体系中，在具有较低导带（CB）位置的半导体上的光生电子可以更完全地转移，从而实现更高的光生载流子分离效率。Yin 等构建了具有优异光催化性能的双 Z-scheme 能带排列的 AgBr/β-Ag₂WO₄/g-C₃N₄ 三元复合光催化剂。在此项研究中，通过沉积-沉淀法和离子交换法制备了一系列的 AgBr/β-Ag₂WO₄/g-C₃N₄ 三元复合光催化剂。通过在可见光照射下降解有色染料罗丹明 B 和无色的盐酸四环素（TCH）来评估所制备光催化剂的光催化性能。通过光电化学测试、荧光光谱和氯化硝基四氮唑蓝（NBT）转化实验研究了光生电子-空穴对的分离和转移。最后，提出了 AgBr/β-Ag₂WO₄/g-C₃N₄ 三元复合光催化剂体系（简称为 CNAWAB7）可能的光催化机理（见图 1-14）。

与单一组分相比，制备的 CNAWAB 7 对 RhB 降解的表观速率常数分别约为 g-C₃N₄ 纳米片和 AgBr 的 4 倍和 5.2 倍，比 β-Ag₂WO₄ 高两个数量级；对 TCH 降解的表观速率常数分别比 g-C₃N₄ 纳米片、AgBr 和 β-Ag₂WO₄ 高 3.9 倍、1.9 倍和 12.8 倍；自由基捕获实验证实 AgBr/β-Ag₂WO₄/g-C₃N₄ 复合材料中光生空穴是主要的活性物质；AgBr/β-Ag₂WO₄/g-C₃N₄ 三元复合材料是双 Z-scheme 光催化剂；光催化活性的提高主要是因为双 Z-scheme 载流子转移机制，极大地促进了光生载流子的分离。

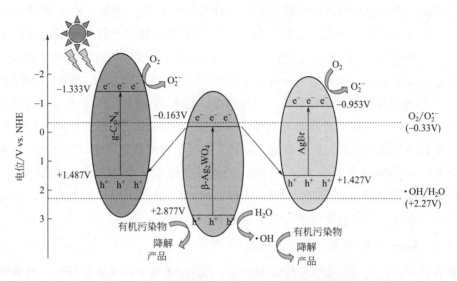

图 1-14 CNAWAB7 中光生载流子的分离和转移

1.2.3.2 Ag$_2$MoO$_4$/WO$_3$·0.33H$_2$O 复合光催化材料

钼酸银（Ag$_2$MoO$_4$）是自然界中一种产量相对较高的银基半导体材料。因其具有独特的电子结构和较好的可见光催化性能而备受关注，但与其它银基半导体材料类似，仍然存在一些不足，如成本相对较高、光生载流子分离效率较低。利用其优势，对其进行取长补短，将其与其它半导体材料构建复合光催化剂，进一步提高光催化活性和降低成本，具有鲜明的研究意义。事实上，学者们已经报道了一些改进方法，如 Eu^{3+} 掺杂 β-Ag$_2$MoO$_4$ 的复合材料、Ag$_2$MoO$_4$/Ag/AgBr/GO 复合材料。

另外，WO$_3$·0.33H$_2$O 具有成本低、带隙窄、光响应范围广、比表面积大等特点，是一种良好的助催化剂，可与其它材料如 Ag、Bi$_2$WO$_6$、Ag$_2$O、C 制备成高催化活性的复合光催化剂。此外，其导带（CB）和价带（VB）的能量分别为 0.64eV 和 3.01eV，与 Ag$_2$MoO$_4$（CB 的能量为 -0.45eV、VB 的能量为 2.86eV）的能带结构具有较好的匹配性。

Zhang 等发挥 Ag$_2$MoO$_4$ 和 WO$_3$·0.33H$_2$O 两种半导体材料的协同优势，利用原位生长法获得 Ag$_2$MoO$_4$/WO$_3$·0.33H$_2$O 复合光催化材料；并选择有机染料 RhB 和抗生物 LVFX 两种溶液样品评估材料的光催化活性，分析其协同光催化机理。研究结果表明，通过该方法构建的复合材料能明显提高纯样的光催化活性，同时可以进一步降低成本。该技术可为研究半导体尤其是银基半导体在可见光下降解有机染料和抗生素提供参考。

1.2.3.3 Ag$_2$WO$_4$/WS$_2$ 复合光催化剂

Ag$_2$WO$_4$/WS$_2$ 是一种重要的可见光光敏催化剂，广泛应用于有机染料的降解。Wang 等合成 Ag$_2$WO$_4$/WS$_2$ 多孔纳米球，其对 MO 溶液具有优异的光降解效率，可以达到 95%。然而，由于其光生电子和空穴分离效率低，其光催化活性有待进一步提高。

将 Ag_2WO_4/WS_2 与其他半导体耦合，是一种有用的方法。例如，Xing 等通过原位法合成 $Ag_2WO_4/g-C_3N_4$ 复合光催化材料。在可见光的照射下，其具有最优异的光催化性能。$Ag_2WO_4/g-C_3N_4$ 光催化材料对 RhB 溶液的降解效率是 $g-C_3N_4$ 纯样的 53.6 倍。这一策略可以有效地促进光生电子和空穴的分离，有利于改进 Ag_2WO_4 光催化活性。WS_2 是一种类石墨烯的层状材料。在单层内部，每个 W 原子被六个 S 原子包围，呈三角棱柱状，对可见光甚至红外光有较强的吸收能力，且其分子表面暴露了较多的 S 原子，具有较多的活性位点，在光催化领域和光解制氢应用前景广泛，已被用于制造复合光催化剂，如 CdSe 和 Zn0.5Cd0.5S。WS_2 的能带边缘电势分别为 $-0.12eV$ 和 $1.54eV$，Ag_2WO_4 的能带边缘电势分别为 $0.02eV$ 和 $2.95eV$，两者可以很好地匹配，从而具有较高的光生载流子分离效率以及氧化还原能力。

1.2.3.4 Ag/BaTiO₃ 等离子体光催化剂

具有优异的化学和结构稳定性的四方相 $BaTiO_3$ 等离子体光催化剂是一种典型的介电材料，广泛用于多层陶瓷电容器或压电谐振器。然而，将压电材料与光活性催化剂结合起来的压电光催化的研究工作仍然不够完善。用贵金属纳米颗粒（例如 Au 和 Ag）改性光催化剂的表面以形成等离子体异质结光催化剂，则可以极大地改善异质结光催化剂的性能。此外，获得的贵金属/异质结光催化剂表现出在可见光区域强的吸收。大量的研究已经证明，LSPR 可以增强光吸收和提高光生载流子分离，从而提高光催化性能。LSPR 的介质主要为贵金属，Ag 是最常用的等离子体光催化材料，与 Au、Pt 相比，它具有低成本（比 Pt 低约 70 倍）和广泛的可见光光学响应范围。

Xu 提出在 $BaTiO_3$ 等离子体光催化剂纳米晶上生长 Ag 纳米颗粒，最终制得 $Ag/BaTiO_3$ 等离子体光催化剂。实验结果显示：利用压电效应与等离子体光催化过程的耦合，实现了高效的压电光催化活性。Ag 纳米颗粒的等离子体共振效应，使光吸收范围从紫外光区扩大至可见光波段。超声驱动可使 $BaTiO_3$ 纳米压电体发生形变而于表面产生压电电荷，压电势的存在进一步增强了 LSPR 诱导的光生载流子分离，促进羟基自由基的生成，加速有机染料的降解，证实了压电效应和表面等离子体共振效应的协同作用共同促进了催化性能的提升。随着反应时间的延长，Ag 纳米颗粒的尺寸逐渐长大，同时负载密度逐渐减少，颗粒尺寸分布无序度增加。$Ag/BaTiO_3$ 异质结光催化剂在压电极化和光照射下具有最佳的光学性质和光催化降解性能，在 75min 内达到 83% 的 RhB 降解率。随着反应物中 Ag^+ 浓度的增加，Ag 纳米颗粒逐渐长大。$Ag/BaTiO_3$ 在全光谱光辐照和超声激发的压电场的辅助下，在 75min 内可降解 91% 的罗丹明 B，将降解效率提升了 21%，既验证了等离子体颗粒形貌对其光催化效果的影响，也证实了纳米复合结构中压电势对材料光催化活性的重要影响。

1.2.3.5 Ag⁺ 掺杂 FeVO₄ 光催化剂

大部分钒酸盐光催化剂尽管响应光波长可延长到可见光范围，但因其吸附性能差使得其可见光催化性能并不特别高。Wang 等采用液相沉淀法制得新型光催化剂 $FeVO_4$，经实验证明尽管其响应光波长扩展到了600nm，但其可见光催化性能却较低。为进一步提高其活性，Wang课题组采用一步法合成了$Fe_2O_3/FeVO_4$复合光催化剂，大大提高了其降解甲基橙溶液的效率，说明通过掺杂可以提高其活性；而Ag被大量用于掺杂各类光催化剂，均能有效提高催化剂活性，除其本身相对廉价易得外，还具有消毒杀菌等优点。该实验采用液相沉淀法制备钒酸铁和钒酸银前驱体，再将前驱体混合后用热处理的方法制备Ag^+掺杂$FeVO_4$光催化剂，通过降解模拟废水甲基橙溶液评价其光催化活性。结果显示：掺杂银未改变$FeVO_4$晶型且掺杂的银部分进入$FeVO_4$晶格中，从而使得其晶格产生了畸变和膨胀部分以新相$Ag_4V_2O_7$存在。掺杂后其表面形貌发生了较大改变，晶体中出现部分针状物质。在普通节能灯照射下Ag^+掺杂$FeVO_4$光催化剂后，活性得到提高，当掺杂量为1%（质量分数）时，其活性较未掺杂时提高约21%。

1.2.4 银基非金属化合物及其复合

银基非金属化合物中以Ag_2O、$AgCO_3$、Ag_3PO_4最受人们关注。新疆大学王吉德教授采用Ag_2O为光催化剂制备了系列水凝胶膜、气凝胶微球，实验结果表明Ag_2O/ALG-高岭土表现出光催化效果，降解酸性橙Ⅱ化工染料废水（OⅡ染料）的速率是Ag_2O光催化剂的37倍。浙江大学殷璐采用离子交换法制备的半导体复合光催化剂$AgBr/Ag_2CO_3$表现出很高的反应活性和稳定性，$AgBr/Ag_2CO_3$-60%能够在9min内去除97%的甲基橙。湘潭大学戴友芝教授通过原位沉淀法合成Ag_3PO_4-GO，GO的引入使Ag_3PO_4-GO复合光催化剂表现出比纯Ag_3PO_4更高的光催化活性和稳定性，当Ag_3PO_4-GO中GO含量为5%时光催化降解2,4-DCP的速率为$0.0600min^{-1}$，是纯Ag_3PO_4降解速率的5.21倍。

1.2.4.1 BP/Ag_2CO_3异质结材料

作为一种新型的二维层状材料，黑磷（BP）吸引了较多的研究者的关注，其具有带隙可调、载流子传输率高、比表面积大和载流子扩散路径长等出色的物理化学性能，在多个领域都取得了成功。然而，块体黑磷并不是理想的光催化材料。但BP通常以助催化剂的身份参与光催化反应，例如，BP/MoS_2、$Ti_3C_2T_x$/TiO_2-BP、BP/CdS和我们最近报道的BPNs/ZnO，这些材料的成功制备证明BP非常适合用于构建异质结来提高光催化活性。然而BP水相剥离的主要挑战是在环境中的不稳定性，这阻碍了BP在光催化领域的应用。PDDA功能化的BP可以抑制磷（P）原子的电子活性来防止氧和水渗透，从而防止BP被氧化，同时也通过抑制层结构的堆积提高BP的水相剥落效率。

Ag_2CO_3具有出色的光催化性能。Ag^+可以与电子结合形成Ag纳米颗粒，从而将原始的Ag_2CO_3转化为Ag/Ag_2CO_3系统。Ag纳米颗粒产生的表面等离子体共振（SPR）在促进光吸收和光催化反应速率方面起着重要作用。但是，少量的Ag可以有效地提高光催化活性，而过量的Ag沉积会抑制光催化活性。Ag_2CO_3由于CB上的电子容易将 Ag$^+$ 还原为 Ag 纳米颗粒，导致 Ag$_2$CO$_3$ 非常容易受到光腐蚀。抑制 Ag$_2$CO$_3$ 的光腐蚀是研究该体系材料的重要内容。Dai 等通过添加 AgNO$_3$ 捕获 Ag$_2$CO$_3$ 的 CB 产生的电子，提高了 Ag$_2$CO$_3$ 的光稳定性。此外，构建异质结可以将 Ag$_2$CO$_3$ 的 CB 电子转移到另一个半导体的 CB 或 VB，从而减少 Ag$_2$CO$_3$ 的 CB 上的电子，有效地抑制光腐蚀，例如，Ag$_2$CO$_3$/CeO$_2$/AgBr 和 Ag$_2$O/Ag$_2$CO$_3$ 异质结材料。

异质结复合材料的构建可以提高 Ag$_2$CO$_3$ 的稳定性和光催化活性。Z 型异质结光催化剂在光催化领域显示出了突出的优势，氧化还原反应发生在属于不同半导体中更负的 CB 和更正的 VB 上，因此与传统的异质结（如 II 型机理）相比，表现出更强的氧化和还原能力。此外，氧化还原反应彼此分离，这不仅促进了光生载流子的分离和传输，而且有效地抑制了逆反应的发生，因此，具备 Z 型异质结结构的材料的稳定性和光催化活性得到了显著的提高。

BP 和 Ag$_2$CO$_3$ 具有相对匹配的带隙，PDDA 功能化的 BP 可以构建更稳定的 BP/Ag$_2$CO$_3$ 复合异质结光催化剂。BP 作为一种优良的电子传输介体，有效促进了 Ag$_2$CO$_3$ 与 BP 界面处载流子的分离和传输。此外，这种 BP/Ag$_2$CO$_3$ 复合光催化剂可以明显抑制 Ag$_2$CO$_3$ 的光腐蚀，从而提高 Ag$_2$CO$_3$ 的稳定性，进一步提高 BP/Ag$_2$CO$_3$ 复合异质结材料的光催化活性。

1.2.4.2 纳米片构建的花状 Bi$_2$MoO$_6$/Ag$_3$PO$_4$ 复合光催化剂

为了充分利用阳光这一种清洁能源，研究人员继续探索新的光催化剂，如 BiOCl、Bi$_2$MoO$_6$、Bi$_4$MoO$_9$、BiVO$_4$、C@TiO$_2$、BiOBr 等。新的光催化剂中，光生电子（e$^-$）和空穴（h$^+$）可以有效地隔离，因而，被视为最有前途的可见光驱动光催化剂。而磷酸银在光催化反应中容易发生光腐蚀，容易分解为 Ag^0 和 PO$_4^{3-}$，从而降低了光催化剂的活性和稳定性。

Gu 等研究了中空壳状 ZnSn(OH)$_6$ 对亚甲基蓝光降解的形态调节，阐述了水热处理时间、温度、pH 和表面活性剂对亚甲基蓝（MB）染料微形态和光催化降解的影响，提出了一种壳状空心 ZSO 纳米立方体的生长机理，并结合扫描电镜和透射电镜图像，将其生长归因于碱的蚀刻效应。光生载流子通过中空壳结构进行迁移，低带隙导致的高载流子分离效率，以及中空壳结构内入射光的多次反射和吸收，是污染物光催化剂光降解的主要机制。

Tan 等研究了通过原位化学沉积法合成了花状 Bi$_2$MoO$_6$/Ag$_3$PO$_4$ 复合光催化剂，并研究其降解罗丹明 B（RhB）的光催化性能。采用 XRD、SEM、X 射线衍射、TEM、HRTEM、XPS 和 UV-Vis-DRS 等技术对该产品进行了表征。结果表明，花状 Bi$_2$MoO$_6$/Ag$_3$PO$_4$ 复合材料的光催化性能明显优于 Bi$_2$MoO$_6$ 和 Ag$_3$PO$_4$ 纯物质的光催化性能。0.1Bi$_2$MoO$_6$/Ag$_3$PO$_4$ 复合材料对罗丹明 B（RhB）的降解具有最佳的光催化效果，在可见光照射 25min 后，RhB 的降解率可达到 98%。在光催化降解过程中，0.1Bi$_2$MoO$_6$/Ag$_3$PO$_4$ 的最大反应速率常数为 0.09457min^{-1}，是磷酸银的两倍、

Bi_2MoO_6 的 38 倍。经过 3 个循环后，$0.1Bi_2MoO_6/Ag_3PO_4$ 仍可以 82％的速率降解 RhB。捕获实验表明，空穴（H^+）和超氧负离子（$O_2^{·-}$）在 RhB 的光催化降解体系中发挥了重要作用，羟基自由基（·OH）发挥了部分作用。

1.2.4.3　WO_3/Ag_3PO_4 光催化剂

作为研究最多的半导体光催化剂之一，WO_3 由于其相对窄的带隙能量而引起了越来越多的关注。然而，WO_3 光催化效率的严重限制来自光生电了-空穴对的高重组和光生载流子的缓慢迁移。另一个不可忽视的限制来自可见光照射下的小的氧化还原窗口。因此，WO_3 与其他半导体材料耦合形成异质结被认为是改善光生电子-空穴对分离的有希望的策略。WO_3 和 Ag_3PO_4 之间的耦合已见报道，考虑到 WO_3 和 Ag_3PO_4 的带隙和边缘位置，电荷分离机制可以估计为Ⅱ型异质结机制或 Z 型机制，如图 1-15 所示。对于Ⅱ型机制，电子由电场从 Ag_3PO_4 流到 WO_3，导致 WO_3 上的负电荷累积。相反，在具有 Z 型机制的 Ag_3PO_4/WO_3 复合物中，电子将从 WO_3 的导带（CB）流到 Ag_3PO_4 的价带（VB）。与传统的单组分光催化剂相比，Z 型材料将在可见光照射下产生更大的氧化还原窗口。

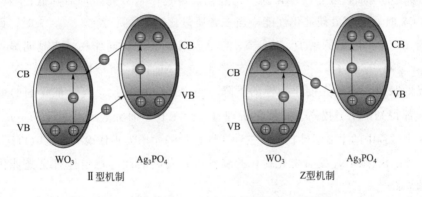

图 1-15　WO_3 和 Ag_3PO_4 之间可能的电子流动

Ag_3PO_4 和 WO_3 的含量对 Ag_3PO_4/WO_3 的光催化性能有很大的影响，其中 AW-60 样品对 RhB 表现出强的光催化活性，比纯 Ag_3PO_4 高约 4 倍。热处理后，AW-60 表现出很强的光催化活性和高吸附活性，但是脱色率从 $0.067min^{-1}$ 降低到 $0.005min^{-1}$；阳离子染料分子的强选择性吸附是因为立方相 WO_3 表面的负电荷积累。研究 WO_3 和 AW-60 的吸附和光催化性能，电子在 AW-60 中从 WO_3 流到 Ag_3PO_4。它证实了 Z 型的光催化机理，并且也受到 zeta 电位测试结果的支持；捕获实验的结果表明，光生电子在 RhB 的光降解过程中起着决定性的作用。Ag_3PO_4 和 WO_3 的耦合不仅增强了光催化性能，而且提高了复合光催化剂的稳定性。

1.2.4.4　$Ag_3PO_4/Ag_2S/g\text{-}C_3N_4$ 复合光催化剂

研究者们通过复合、包裹、掺杂、形貌控制等方式来提高 Ag_3PO_4 的光催化活性和稳定性。如：Ag_3PO_4 与碳材料（石墨烯、碳 60、碳纳米管等）或贵金属（金、银、钯、铂）复合，与其它光催化材料形成异质结或 Z 型光催化剂等。不同前驱体制备的 Ag_3PO_4 光催化剂性能不同，其中用磷酸氢二钠合成的 Ag_3PO_4 具有较高的光催化活性。适当引入 $g-C_3N_4$ 不但可以利用空间位阻效应有效减少 Ag_3PO_4 粒径，提高有机污染物吸附能力，而且能提高光生电子与空穴的分离效率。少量的 Ag_2S 可提高 Ag_3PO_4 光催化剂的吸收范围和吸收效率。因此，Deng 等通过沉淀法将 Ag_3PO_4 附着在 $g-C_3N_4$ 上，并利用溶度积的不同在 Ag_3PO_4 表面原位置换生成 Ag_2S，制得 $Ag_3PO_4/Ag_2S/g-C_3N_4$ 复合光催化剂。与纯 Ag_3PO_4 相比，该复合光催化材料表现出更好的可见光催化活性与稳定性。

结果显示：通过复合 $g-C_3N_4$ 以及将部分 Ag_3PO_4 取代为 Ag_2S，一方面可以增大样品的比表面积和多孔结构，另一方面拓宽了 Ag_3PO_4 光催化剂的响应范围，同时有利于提高光生载流子的分离效率。Na_2S 添加量对所制备样品催化性能的影响结果表明，随着 Na_2S 与 Ag_3PO_4 比值的增加，反应速率常数先增大后逐渐减小，当 Na_2S 与 Ag_3PO_4 的摩尔比为 1.5％时光催化活性最好。过多的 Na_2S 加入会使得大量 Ag_3PO_4 被置换，从而导致复合光催化剂活性逐渐下降。$g-C_3N_4$ 的添加量实验结果表明，随着 $g-C_3N_4$ 质量的增加，复合光催化剂的光催化反应速率常数先增加后降低；当二者的质量比为 3∶7 时，达到最佳催化性能；当二者质量比为 1∶9、2∶8、3∶7 时，即在此区间内随着 $g-C_3N_4$ 的量的增加，$g-C_3N_4$ 与 Ag_3PO_4 间的协同作用越来越明显；若进一步增加 $g-C_3N_4$ 的量（3.5∶6.5、4∶6、5∶5），Ag_3PO_4 将被厚厚的 $g-C_3N_4$ 包裹着，不利于光的吸收，导致光催化活性的下降。与 Ag_3PO_4 相比，复合催化剂的催化活性和稳定性都得到了明显提高。光催化机理（见图 1-16）研究表明，·OH、$O_2^{·-}$ 和 h^+ 都是光催化过程中的主要活性物种，三种活性物种的作用大小依次为 $h^+ > O_2^{·-} > ·OH$。$Ag_3PO_4/Ag_2S/g-C_3N_4$ 复合催化材料的制备为开发高活性与稳定性可见光催化材料提供了新的思路。

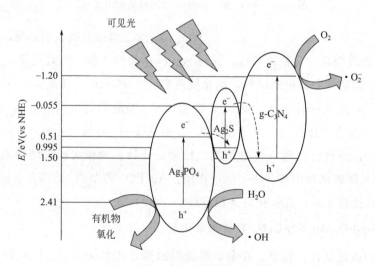

图 1-16 ASC1.5 样品光催化降解罗丹明 B 反应机理

1.3 银基半导体光催化材料的应用

　　光催化氧化技术是从 20 世纪起逐步发展起来的一门新兴环保技术。由于光催化技术可利用太阳能在室温下发生反应，比较经济。而光催化剂本身无毒、无害、无腐蚀性、可反复利用、无二次污染，有着传统高温、常规催化技术无法比拟的魅力，是一种具有广阔应用前景的绿色环境治理技术。半导体光催化材料在解决环境污染和能源短缺方面有巨大应用前景（见图 1-17）。传统的光催化材料，如：二氧化钛、氧化锌、硫化锌等都是宽禁带半导体，只能被紫外线激发。而紫外线只占太阳光能量的 4％左右，相反，可见光则占太阳能的 46％。因此，研究和开发可见光响应的光催化材料是一种新思路，寻找成本低、稳定性强的光催化剂是主要的研究方向。

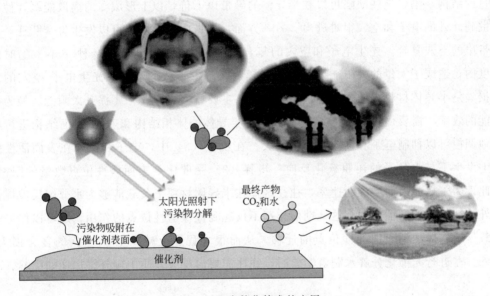

图 1-17　光催化技术的应用

1.3.1　光催化在能源领域的应用

1.3.1.1　光催化分解水

　　1972 年，Fujishima 和 Honda 首次报道利用 TiO_2 半导体光催化分解水，产生氢气。随后研究者们做了大量研究，开辟了利用太阳光分解水的研究道路。当半导体光催化剂受到光照射时，光生电子从 VB 跃迁到 CB，空穴则留在 VB，光生电子和空穴得到分离。光生电子在半导体 CB 还原水分子产生氢气，而空穴在半导体 VB 氧化水分子产生氧气。

　　氢能一直以来被认为是一种优质能源，氢气燃烧能够释放巨大的热能产生水和氧气，不会对环境造成污染。制约氢能发展的重要因素有两个，一个是储存和运输困难，另一个是缺乏价格低廉的制氢手段。光催化制氢和电催化制氢被认为是未来发展氢能产业的重要方式。

光催化分解水（见图1-18）分为三个步骤：（1）光激发；（2）载流子迁移；（3）表面还原氧化反应。在受到太阳光的激发时，半导体吸收光子，分别在CB位置和VB位置产生电子和空穴。步骤（1）是后续载流子迁移和表面反应的基础，影响该步骤最大的因素是半导体材料自身固有的物理化学性质。受电子结构、化学成分、配位环境以及缺陷状态等限制，多数半导体材料只能够响应太阳光全谱中的紫外线波段（$\lambda < 420$nm），紫外波段大约只占全谱中的7%，而可见光谱能量的占有率却达到总辐射能量的48%。因此，为了适当地利用太阳能，需要开发和利用对可见光有响应的光催化剂。在步骤（1）后，受晶体导向和能带结构的诱导，光生电子和空穴经步骤（2）迁移到表面活性位点，随后参与表面还原氧化反应。然而，一方面，半导体的体相和表面往往存在一定数量的结构缺陷，这些缺陷可以在半导体的导带以下价带以上形成深的离散能级，使得扩散到此处的电子和空穴很难逃出。另一方面，导带中的电子也可以发生价带跃迁，与价带中的空穴复合。光生电子和空穴的复合损失发生在皮秒（ps）-毫秒（ms）的时间尺度内，造成了大量的太阳能以辐射和非辐射跃迁等形式的浪费。光生电子-空穴的复合损失是半导体材料光催化分解水性能较低的主要原因。因此，要提升太阳能转换为化学能的效率，需要促进电子-空穴的分离。对半导体的体相结构和表面/界面结构进行精确地调控可以抑制电子和空穴的复合损失。在步骤（3）中，电子和空穴在表面活性位点上发生了与水分子的还原氧化反应。步骤（3）受催化剂表面活性位点数量的限制。因此，为了提升表面反应的速率，往往选择在半导体材料上负载能够为水分解反应提供额外活性位点的助催化剂。这些助催化剂不仅起到提供活性位点的作用，还可以促进光生载流子从体相到表面活性位点的迁移，从而很大程度上减少电子-空穴的复合损失。另外，在进行光催化分解水制氢实验时，往往需要向反应介质中额外添加诸如甲醇、乙

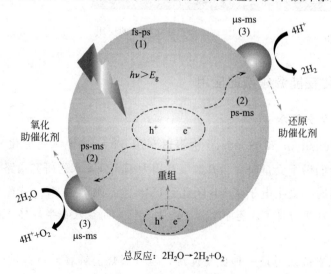

图1-18　半导体光催化剂上分解水示意图

醇、乳酸和三乙醇胺等有机试剂作为空穴牺牲剂。这些空穴牺牲剂对析氢反应（HER）没有影响，却能快速消除光生空穴而选择性地避免 O_2 的生成，这不仅能够提升气体产物中 H_2 的纯度，还能显著降低光生电子与空穴的复合损失，提升 H_2 的产出速率。

当半导体光催化剂的价带和导带位置满足 H^+-H_2 和 O_2-H_2O 的氧化还原电势要求，并且带隙也达到要求时，水裂解反应才能发生，其反应过程见如下公式：

$$催化剂 + 2h\nu \longrightarrow 2e^- + 2h$$
$$H_2O \longrightarrow OH^- + H^+$$
$$2e^- + 2H^+ \longrightarrow H_2$$
$$2h^+ + OH^- \longrightarrow H^+ + 1/2O_2$$

构筑异质结结构是一种提高半导体光催化产氢效率的常用手段，Kim 等发现 $CaFe_2O_4$ 和 $MgFe_2O_4$ 粒子组成的异质结使得电子很容易达到界面并解离从而减少了复合概率，大大提高了在可见光下对异丙醇氧化降解和水制氢的活性。Min 等制备了具有 ZnO/Bi_2WO_6 异质结的催化剂，发现 ZnO 的含量影响了光生载流子的分离和转移，提高了光催化的效果和稳定性，同时还发现随着 Pt 的加入，半导体光催化剂的催化活性得到了进一步的提升。通常由于光催化剂光解水的效率较低，除了提高光催化剂自身的催化性能外，还要添加助催化剂和表面结合剂等材料来提高催化效率。此外，还可以采用光-电协同催化的方式进一步提高制氢效率。Cho 等制备了具有分层分支结构的纳米棒，增大了与电解液的接触面积，材料内部载流子的迁移能力也得到了提升，电解质界面处的空穴转移效率大大增强，从而大幅提高了光电化学效率。光电化学协同制氢是利用阳极的光催化材料在可见光作用下，吸收光子辐射发生氧化反应，同时加入一个惰性电极作为阴极。水和空穴反应产生的 H^+ 通过离子渗透膜到达阴极，并在阴极被聚集的电子还原而产生氢气。

随着多相光催化剂的演变以及除 TiO_2 以外的光催化剂相继发展，光催化分解水制氢的研究不断增多，并在光催化剂的合成和改性方面取得较大进展。研究者们主要从以下几个方面对制氢性能进行优化：

（1）纳米光催化剂的制备。纳米级催化剂具有颗粒尺寸较小、比表面积大等优点，使半导体催化剂的活性位点增多。

（2）离子掺杂。离子掺杂产生的离子缺陷可以捕获半导体受激发产生的光生电子，促进光生载流子分离。但是过多的缺陷或者氧空位会成为光生电子和空穴的复合中心，反而降低了电荷分离效率。所以，适当含量的离子掺杂才会提高半导体光催化分解水的性能。

离子掺杂方式有多种，如：自掺杂体系、金属离子掺杂体系、非金属离子掺杂体系以及金属-非金属共掺杂体系等。Wu 等报道通过水热反应生成 Ti^{3+} 自掺杂 TiO_2 纳米颗粒，Ti^{3+} 的掺杂不仅促进了 TiO_2 对光的吸收，还提高了生成的光生电荷转移速率，降低了光生电子和空穴的复合率。可见光照射下，Ti^{3+}/TiO_2 在 8min 内光催化分解水生成 0.6mmol 氢气，而纯 TiO_2 体系几乎没有氢气产生。Wang 等也报道了通过金属掺杂提高光催化分解水性能的研究，当光照 4h 时，$2Fe/TiO_2$ 产氢气量达到最大值，为 $0.697mmol \cdot g^{-1}$，约是纯 TiO_2 产氢气量的 5 倍。Fe 的掺杂提高 TiO_2 光催化分解水效率，其原因是 Fe 的加入提高 TiO_2 对可见光的吸收能力，增加复合物中氧空位的含量，提高催化剂在光照分解水时活性位点数量。

相对于金属掺杂，非金属掺杂在光催化分解水方面的研究也很多。Zheng 等研究双非金属 P-N 共掺杂 TiO_2 光催化分解水，通过高温固相反应制备 $P-N-TiO_2$ 光催化剂，其中 P 的掺杂可以降低 N 掺杂引起的长范围的结构缺陷，恢复 TiO_2 的有序结构。此外，共掺杂体系显著提高了光生载流子的分离，提高光催化分解水的性能。

Lv 等研究了 Sb-N 金属-非金属共掺杂负载 TiO_2 光催化分解水性能，施主 Sb 杂能级上的电子可以补偿相同数量的受主 N 杂能级上的空穴，减少了电子和空穴的复合率，$Sb-N-TiO_2$ 光催化产氢气速率约为 $2.33mmol \cdot (h \cdot g)^{-1}$，分别是单一掺杂 $N-TiO_2$ 和 $Sb-TiO_2$ 光催化产氢气速率的 12 倍和 5 倍，直接证明了金属-非金属双掺杂的协同作用。金属-非金属掺杂体系中，Sb 的掺杂可以达到上述作用，其他金属也可以促进其光生载流子的分离，如 Cr，Mo 等。

（3）半导体复合。两种或两种以上半导体复合催化剂进行光催化分解水的研究日渐增多，其主要优势在于两种或多种半导体的复合可以促进光生载流子的分离，同时，形成的异质结结构会提高体系的氧化还原电位，产生更多有效的电子和空穴，从而提高其光催化分解水的能力。

（4）助催化剂掺杂。影响半导体光催化分解水有几个方面：光生电子和空穴的分离效率；半导体的光腐蚀程度；半导体表面的氧化还原电势及活性位点。而助催化剂按作用位置分三种类型：电子助催化剂、空穴助催化剂和双助催化剂。助催化剂掺杂的主要目的是有效转移光生载流子到助催化剂表面，进一步在助催化剂表面参加氧化还原反应。助催化剂的掺杂可以提高光生电子和空穴的分离效率，改变半导体催化剂表面的氧化还原电位，促进氧化还原反应的发生。挑选合适的助催化剂尤为重要，助催化剂掺杂半导体在光催化分解水的研究主要有两类，一种是产氢气助催化剂，另一种是产氧气催化剂。

产氢气助催化剂一般有 Pt、Rh、Ru 等贵金属，贵金属助催化剂具有较大的功函数和较低的费米能级，易与半导体形成肖特基势垒并作为电子捕获陷阱参与分解水反应。成本较低的过渡金属单质 Co、Ni、Fe 和 Cu 等和过渡金属氧化物也具有析氢能力，如 NiO、$Ni(OH)_2$、CuO 等。过度金属硫化物和磷化物也常作产氢气助催化剂。其他材料，如碳量子点、石墨烯及其氧化物等也是产氢气助催化剂。产氧气助催化剂和产氢气助催化剂相似，以贵金属、过渡金属氧化物和氢化物为主，如 RuO_2 和 IrO_2，但是价格比较昂贵；Co、Ni、Mn、Fe 等氧化物及氢化物，价格低廉的同时兼具优良的抗化学和光腐蚀性能。

在光催化分解水过程中，负载两种及两种以上助催化剂兼具产氢气和氧气的方法也是研究者们常用的策略之一。一般情况下，按照作用位置产氢气助催化剂也可以说是电子助催化剂，产氧气助催化剂也是空穴助催化剂。找到合适的电子和空穴助催化剂是设计光催化分解水中重要的一步，分别将二者负载到半导体上，通过进一步调控助催化剂的尺寸、含量、形貌和分布状态可促进光生载流子的分离，并调控产氢气和产氧气的速率。Zhang 等以金属和金属氧化物同时为助催化剂来促进光催化性能，其中 Ni 为电子捕获剂，NiO 为空穴捕获剂，获得双助催化剂掺杂的 $NaTaO_3$ 复合材料，利用双助催化剂的掺杂进行光催化分解水，实施了高效的水分解策略。

Xu 等通过形貌控制、结构设计、缺陷工程、异质结构构建和贵金属掺杂等多种策略合成了 Ag/PANI/3DOMM-TiO_{2-x} 三元催化剂，显著提升了材料的光催化和光电催化分解水产氢的性能。Ag/PANI/3DOMM-TiO_{2-x} 催化剂具有以下特点：催化剂为三维有序大孔结构且具有较大的比表面积和均匀的孔径，有利于传质扩散并为催化剂提供了更多的吸附和反应位点；在 3DOMM-TiO_2 中引入 Ti^{3+} 和氧空位等缺陷可以显著减少带隙宽度，提高光吸收效率；聚苯胺（PANI）作为一种典型的导电聚合物，在可见光范围内表现出较高的吸收能力和良好的导电性；通过贵金属银纳米颗粒的表面等离子体共振（SPR）效应增强对可见光的吸收，并且银纳米颗粒的 SPR 效应会产生更多的热电子并转移到 PANI 的导带，进而直接参与还原反应制氢。结合 X 射线衍射光谱和 X 射线光电子能谱的表征结果，说明成功合成了 Ag/PANI/3DOMM-TiO_{2-x} 催化剂。基于上述各方面的协同效应，Ag/PANI/3DOMM-TiO_{2-x} 催化剂在光催化和光电催化分解水制氢中均表现出较强的活性，光催化制氢速率为 420.90$\mu mol \cdot (g \cdot h)^{-1}$，分别为商用 P25 和 3DOMM-$TiO_2$ 的 19.80 倍和 2.06 倍。在光电化学试验中，通过 AM 1.5 G 模拟太阳光照射，在 0.5mol $\cdot$ L^{-1} $NaSO_4$ 的缓冲溶液中，Ag/PANI/3DOMM-TiO_{2-x} 复合光电阳极在 1.23V vs. RHE 下的光电流密度为 1.55mA $\cdot$ cm^{-2}，约为 3DOMM-TiO_2 的 5 倍。综上所述，合成的有机/无机 Z 型光催化剂 Ag/PANI/3DOMM-TiO_{2-x} 在光催化和光电催化水分解制氢方面具有良好的应用潜力。

总之，因具有不适宜的固有晶体结构和电子状态等缺点，许多半导体材料的光催化活性不同程度地受到光生载流子复合的限制。改善光催化剂的固有晶体结构和调节电子状态固然在一定程度上能够缓解不利的载流子复合现象。但更直接的措施是直接采用助催化剂来大幅增加这些半导体材料在步骤（3）中的表面反应速率因此，助催化剂是构建高活性光催化剂不可或缺的重要组成部分。过去，贵金属 Pt 是活性最高的助催化剂，但是 Pt 昂贵的价格和稀缺的储量促使人们积极探索和制备廉价高活性的替代品。

1.3.1.2　光催化还原 CO_2

光催化还原 CO_2（photocatalysis reduction CO_2）又被称为人工光合作用（artificial photosynthesis），这个过程模拟了自然界中植物的光合作用，利用太阳光驱动二氧化碳还原。类似于植物的叶子，半导体催化剂在光催化还原 CO_2 中扮演着重要角色（见图 1-19）。半导体材料吸收能量大于禁带宽度的光子分别在导带和价带产生自由电子和空穴，并且光生电子和空穴迁移到催化剂表面，分别进行 CO_2 还原为碳氢燃料和 H_2O 氧化的半反应。半导体材料光还原 CO_2 转化效率取决于光捕获、光生载流子产生和分离、表面催化反应三个过程的热力学和动力学平衡。

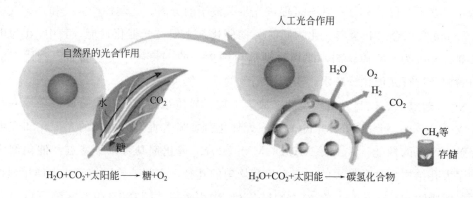

图 1-19   半导体材料光催化还原 CO_2 示意图

以煤炭、石油为代表的化石燃料仍是工业生产和人们日常生活中的主要能源。自从人类步入工业时代以来，生产力的提高和社会的进步离不开这些化石燃料的消耗和使用，然而这些化石燃料在使用过程中无一例外地会产生大量有害的气体排放，对大气环境造成污染。其中，CO_2 是所有化石能源燃烧过程中都会产生的气体，CO_2 的大量排放带来了酸雨、温室效应等问题。CO_2 是一种无色无味的气体，密度比空气大且易溶于水。将二氧化碳（CO_2）还原为可持续的绿色太阳能燃料是一种可以同时克服环境问题和能源危机的有强吸引力方案。在光催化体系中，CO_2 发生多电子还原生成可利用的碳氢能源，而碳氢能源的再利用可以使碳循环利用，而助催化剂在 CO_2 还原过程中占很重要的地位。和光催化分解水机理类似，都是利用存在于 CB 上的电子进行还原作用。光催化还原 CO_2 通常是发生在气-固或液-固界面的反应，涉及很多电子转移过程和非常复杂的反应过程。具体来说，半导体光催化还原 CO_2 的过程（见图 1-20）主要分为五个步骤：（1）光吸收：光催化剂吸收入射光子，当光子能量等于或高于半导体的禁带宽度时，会激发价带上的电子跃迁到导带上产生电子空穴对；（2）光生电子-空穴对的迁移：在电子和空穴分离后，分别迁移到催化剂表面。由于电子扩散距离短等因素影响，光生电子在迁移到催化剂表面的过程中有一部分和空穴发生复合，使到达催化表面的电子数很少。为了便于电荷分离，充分利用光生电子，贵金属负载、缺陷工程、形貌调控和异质结的构筑是目前主流的方法；（3）光生电子和空穴在到达光催化剂表面的同时发生对反应物（CO_2 和 H_2O）的捕获和活化；（4）催化剂表面的氧化还原反应：水分子和 CO_2 吸附到催化剂表面之后进行氧化还原反应，还原半反应为 CO_2 还原为不同的低碳产物以及水还原产氢；氧化半反应为水分子被氧化成 O_2 或 H_2O_2，或者是 OH^- 氧化成自由基；（5）氧化还原产物从光催化剂表面脱附，重新暴露的表面活性位点参与下一步的催化反应。因为光催化无法在大气条件下连续、稳定地进行，所以需要在水体系下进行光催化还原反应，还原过程如下：

$$2H_2O(l)+CO_2(g) \longrightarrow CH_4(g)+2O_2(g)$$

$$2H_2O(l) + CO_2(g) \longrightarrow CH_3OH(g) + 3/2O_2(g)$$

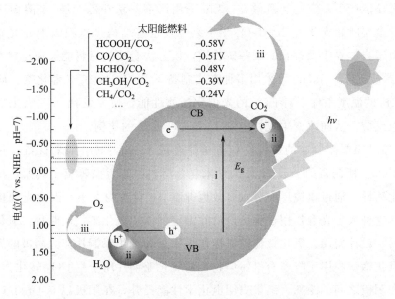

图 1-20 半导体光催化还原 CO_2 原理示意图

由于 CO_2 吸附后会发生结构的扭曲和电荷的转移以降低后续的反应势垒,所以 CO_2 在催化剂表面的吸附是光催化反应过程中最关键的一步,CO_2 吸附后产生带电的物种 $CO_2^{\delta-}$。CO_2 的主要吸附构型包括氧配位 [图 1-21(a)]、碳配位 [图 1-21(b)] 和混合配位 [图 1-21(c)]。$CO_2^{\delta-}$ 不同吸附模型在一定程度上决定了还原反应的反应路径。例如图 1-21(b),C 原子与光催化剂上的 Lewis 碱性未定的单齿键结合有利于生成羧基(—COOH)。由两个 O 原子形成的双齿结合更有利于 H 与 $CO_2^{\delta-}$ 碳的结合,导致甲酸盐阴离子在光催化剂表面以双齿模式结合。不同吸附构型产生的中间体会对反应路径产生很大的影响,从而改变产物的选择性。C 配位的吸附构型相较于 O 配位,由于反应路径短、能量低,更有利于 CO 的产生。

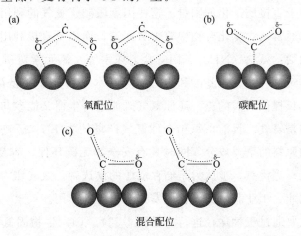

图 1-21 CO_2 在光催化剂表面不同的吸附模型

CO_2 还原生成的 CH_4 和 CH_3OH 都是重要的化工原料，因此光催化还原 CO_2 治理环境的同时还能产生一定的经济效益。Liu 采用溶剂热法在乙二胺/水溶剂这一体系中合成了一种类层状超支化的 Zn_2GeO_4 纳米结构，这些结构可以归因于分裂晶体的生长机制，类似于自然界中观察到的某些矿物质，该方法合成的材料能够在自然光照条件下将 CO_2 还原成 CH_4。Ikeue 等采用多种方法制备了 Ti/FSM-16 光催化剂，研究了这一材料在 323K 的温度条件下对 CO_2 的光催化还原性能，研究发现，Ti 氧化物的分散性会影响还原反应，从而改变生成物中 CH_4 和 CH_3OH 的比例。

Yu 等通过简单而快速的银镜反应方法，合成了 Ag/TiO_2 纳米材料，并应用于光催化还原 CO_2。所制备的 Ag/TiO_2 的纳米复合材料由于表面等离子共振，显示出了较高的光催化活性。通过银镜反应可以有效地抑制 Ag 颗粒的大小，因此光催化活性可被大大提高。这种人工光合作用过程可以清除温室气体二氧化碳，同时将二氧化碳转化为宝贵的燃料。设计使用二氧化钛薄膜电极作为阳极和氧化亚铜片作为阴极的光催化燃料电池，二氧化钛薄膜用于降解有机污染物，而氧化亚铜片用于将 CO_2 转化为碳氢燃料，调节阳极和阴极之间的距离，结果表明电化学性能提升，在阳极以 0.1mol/L 的 NaOH 溶液为基质时，开路电压为 0.55V，短路电流密度为 0.068mA·cm^{-2}，最大输出功率密度为 0.25mW·cm^{-2}，除此之外，CO_2 在液相体系中还原的效率明显更高。

1.3.1.3 光催化固定氮气

地球上，氮气（N_2）约占大气层体积的 78%。氮是各种生物大分子不可缺少的元素，对生命过程至关重要。虽然氮气在大气中含量丰富，但它却不能直接被大多数生物体所利用。许多因素阻碍着氮气的裂解和氢化：第一，在热力学上，氮气分子中的非极性 N≡N 三键的键能约为 941kJ·mol^{-1}，氮气分子中第一化学键断裂需要很高的裂解能（约为 410kJ·mol^{-1}），完全解离成 N=N 难度很大，这就解释了氮气分子相对于其他三键分子的化学惰性。第二，从动力学上看，氮气分子的 HOMO 与 LUMO 之间具有较大的能级差，说明氮气分子具有较高的化学稳定性。第三，低质子（H^+）亲和力，说明了氮气分子直接质子化的困难。这些因素限制了氮气的利用，导致生物体不能直接利用。生物体通常从含氮化合物中获得氮元素，而不是直接利用氮气分子。含氮化合物的种类通常包括：氨气（NH_3）、硝酸盐、尿素等，氮元素对所有生物体来说都是必需的，他们在构筑核苷酸、氨基酸和蛋白质等基本生物分子中起着不可或缺的作用，为动植物组织的生长提供所需的氮。还原氮气既能维持生命又能参与所有化学过程，还原氮气的主要产物是氨气。目前，每年全球氨气产量约为 1.75 亿吨。在许多领域，氨气不仅是化学品和原料的重要成分，同时具有安全、无碳环保、容易转换成液体运输、氢密度高（17.6%）等优点，被认为是储存能源的候选者。氨气作为一种绿色能源载体和肥料原料，在农业、工业和制药等领域发挥着重要的作用。

目前，固氮主要通过三种途径进行（见图 1-22）。(a) 生物固氮：一些含固氮酶的生物能够进行生物固氮；(b) 天然固氮：自然界化学形式的高能固氮，如闪电介导；

（c）工业固氮：采用工业传统的 Haber-Bosch 方法，需要能量介导。但是，生物固氮和自然固氮只能提供一小部分的氮源。直到 20 世纪，人类才真正实现工业上合成氨气，采用 Haber-Bosch 方法合成氨是一个巨大的突破。在这个过程中，氨气直接由其组成元素氮气和氢气（H_2）合成，并使用铁基材料作为催化剂，而原料氢气的主要来源是天然气的蒸汽重整，同时伴随着每吨氨气释放 1.87 吨二氧化碳（CO_2）。在 Haber-Bosch 过程中，氨气的生成是可逆的，正向反应是放热过程，

$$N_2(g) + 3H_2(g) \Longrightarrow 2NH_3(g) \quad (\Delta H = -92kJ \cdot mol^{-1})$$

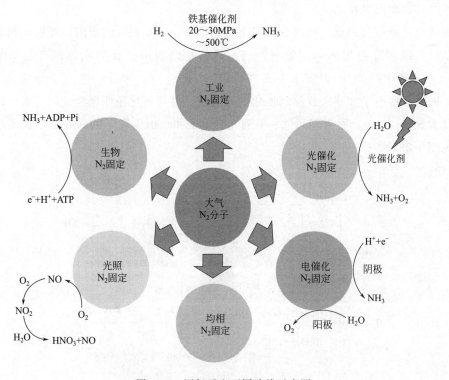

图 1-22 固氮反应不同路线示意图

根据 Le Chatelier's 原则，这个反应在低温时更容易发生。在这个过程中，系统会产生更多能量，反应平衡会发生移动。为了使平衡混合物中氨气的产率更高，反应温度必须尽可能低。而在如此低的温度下，反应速率又很慢。通常最适宜的温度范围是 400～450℃，压力范围是 150～200atm，在一段时间内，平衡混合物中每次氨气的产量只有 15%，同时对未反应的气体进行多次回收，最后总转化率可达 97% 左右。然而，引起关注的是，尽管这一过程高度依赖化石燃料，但这种方法仍被广泛使用。由于化石燃料的巨大消耗和温室气体的排放，人们需要寻求可持续的、绿色环保的技术来代替 Haber-Bosch 方法。天然固氮作为合成氨的另一主要途径，与传统的 Haber-Bosch 方法相比，是一种更加绿色、方便的方法，发生在生物体内，反应在常温常压下进行。尽管该生物过程也是以过渡金属（TM）为催化剂，需要高能量（来源三磷酸腺苷［ATP］）介导，固定每摩尔氮气需要约 500kJ 能量，但其能量来源于"绿色"太阳能，

通过光合作用合成。受天然固氮途径的启发，构建一个温和的、可代替的太阳能人工系统固氮是非常可取的。

光催化固氮（$N_2+3H_2O \Longrightarrow 2NH_3+3/2O_2$）被认为是最理想的替代途径之一，反应在常温常压下进行，通过催化剂的光激发电子来还原氮气，不消耗任何化石能源。该方法直接利用太阳能为能源，空气和水（H_2O）为原料生产氨气。在这种情况下，固氮反应不仅利用太阳能，而且避免了天然气原料作为氢气原料的缺点，其中氢气分子可以从水分子中获得。此外，该反应在常温常压条件下进行，没有二氧化碳排放，是一种理想的环保型固氮技术。

光催化还原氮气的反应可以分为以下几个步骤：（1）氮气的吸附，光催化剂表面有足够的氮气吸附位点用来固定氮气；（2）光催化剂利用捕获的光能，产生光生电子（e^-），迁移到导带（CB），留下空穴在价带（VB）；（3）存在一些电子与空穴（h^+）结合，同时一些电子和空穴迁移到催化剂的表面，参与氧化还原反应；（4）水可以被空穴氧化为氧气（O_2），而氮气经过一系列光生电子和水衍生质子的注入后，被还原为氨气（见图1-23）。

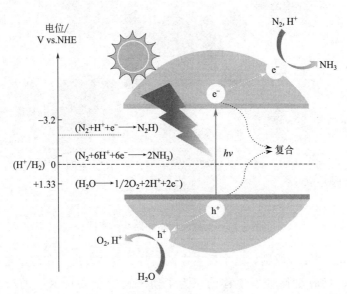

图 1-23　氮气转化为氨气的原理图
（左侧为水裂解和氮气加氢的氧化还原电位）

原则上，对于氮气的吸附和活化，应尽量增加光催化剂表面的活性位点。光催化剂利用捕获的太阳能产生高能电子还原氮气。为了有效地利用太阳能，理想情况下，可见光应被催化剂充分吸收产生光生电子和空穴，但这主要依赖于催化剂的带隙。调整带隙通常会降低光生电子的能级，但是较低的能级使得它们的还原能力不足以活化氮气。

众所周知，光催化氧化还原反应能否发生，在很大程度上取决于吸附物的还原电势和催化剂能带的位置（见图1-23）。例如，催化剂导带的位置应该比氮气加氢的还原电位高（或者更负），而价带位置应该比析氧电位低（或者更正）。如果最大能量跃迁态位于第一个电子转移（−4.16V vs. NHE）和质子耦合电子转移（−3.2V vs. NHE）过程，就阻碍了整个动力学反应。基于以上讨论分析，激活氮气分子形成氨气必须克服两个主要限制因素。首先，保持催化剂具有非常小的带隙，最好是在可见光区域，但仍然可以满足还原氮气生成氨气的热力学还原电势。另外，应尽量减少光催化剂中电子与空穴的复合，以提高载流子的利用率，提高光催化反应的太阳能转换效率和表观量子产率（AQY），提高反应的整体性能。

光催化固氮反应的基本原理：光催化固氮过程可以分为两种不同的反应方向，即氮还原反应（NRR）和氮氧化反应（NOR）。基本上，光催化还原氮气的过程分为以下几个步骤：首先，在光照射下，光生电子激发跃迁到导带，在价带中留下空穴。然后，一些电子和空穴重新结合在一起，同时，其他光生空穴将 H_2O 氧化成 H^+ 和 O_2（公式1），N_2 被光生电子还原形成 NH_3（公式2）。最后，室温条件下，以光照作为能量来源，H_2O 和 N_2 结合形成 NH_3（公式3）。

步骤1：$2H_2O+4h^+ \longrightarrow O_2+4H^+$（公式1）

步骤2：$N_2+6H^++6e^- \longrightarrow 2NH_3$（公式2）

总反应：$2N_2+6H_2O \longrightarrow 4NH_3+3O_2$（公式3）

对于另一种情况，光催化氮气氧化过程是由光生空穴氧化机理确定的，分为以下几个步骤：首先，在光照射下，光生电子激发跃迁到导带，在价带中留下空穴，这一步与氮气还原反应的第一步是一样的。然后，在 H_2O 中光生空穴将 N_2 氧化为 NO（公式4），同时，O_2 被光激发电子还原成 H_2O（公式5），NO 与 O_2 和 H_2O 反应，进一步氧化生成最终产物硝酸（公式6）。总而言之，以 H_2O、O_2 和 N_2 为原料，室温条件下，光照作为合成硝酸唯一的能量来源（公式7）。

步骤1：$N_2+2H_2O+4h^+ \longrightarrow 2NO+4H^+$（公式4）

步骤2：$O_2+4H^++4e^- \longrightarrow 2H_2O$（公式5）

步骤3：$4NO+3O_2+2H_2O \longrightarrow 4HNO_3$（公式6）

总反应：$2N_2+5O_2+2H_2O \longrightarrow 4HNO_3$（公式7）

在光驱动还原氮气合成氨的情况下，可以用电化学反应解释加氢过程。例如，在第一次质子耦合电子转移时，吸附在光催化剂表面的氮气（*N≡N），从环境中获得一个质子，同时催化剂产生一个光生电子，形成一种被吸附的化学物质（*N≡NH），即 *N≡N+$H^++e^- \longrightarrow$ *N≡NH·。吸附位点可以是一个原子，也可以是几个原子之间的特定位置，缺陷位点也可以吸附反应物分子，通常具有更活跃的光催化反应活性。在实际情况下，对于 H^+/e^- 对的转移，Azofra 等人通过密度泛函理论（DFT）计算研究提出了5条路线。光催化氮气氧化反应可能的反应路线如图1-24所示。光催化还原氮气反应有两种被广泛接受的机制，分别称为远端机制和交替机制。在远端机制中，H^+/e^- 对被认为是连续地连接到一个氮气分子中的 N 原子上，形成一个末端氮化中间体，释放第一个氮气分子，留下一个 N，进而最终转化为另一个氮气分子

（路径 1）。相反的，交替机制是假设 H^+/e^- 对交替出现在氮气分子的两个 N 原子上（路径 2）。

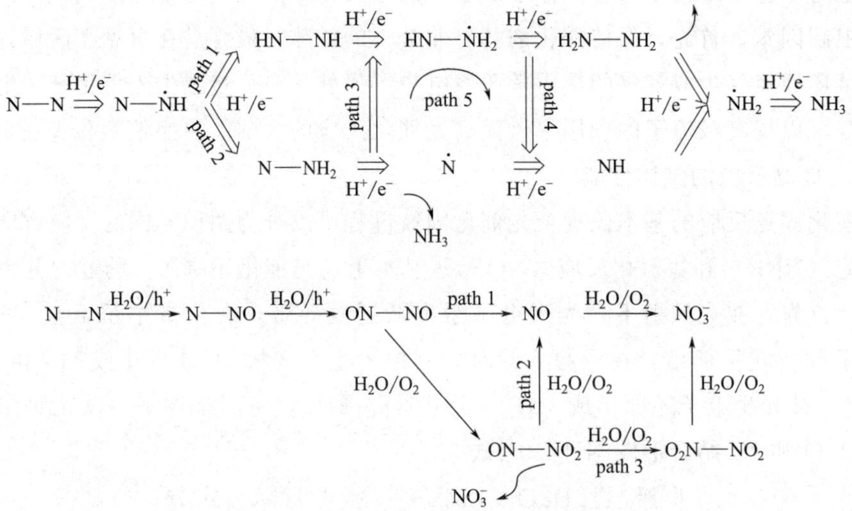

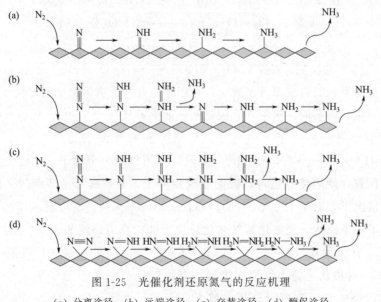

图 1-24 光催化氮气还原和氧化反应机理

除此以外，被广泛认可的光催化还原氮气机制还有结合和分离机制。传统的 Haber-Bosch 方法符合分离机制，在反应过程中，吸附的氮气分子中的 N≡N 三键在高的裂解能介导下，在加氢过程之前被破坏 [见图 1-25(a)]。游离氮气通过加氢作用生成氨气，生成的氨气从催化剂表面解吸。由于 N≡N 三键需要很高的裂解能，因此在这个过程中需要大量的能量输入。相反，提出的结合机制途径是假设两个氮原子在氢化过程中保持相互结合。根据氮气分子的初始吸附构型，可以分为远端、交替和酶促途径 [图 1-25(b)，（c）和（d）]。催化剂表面吸附氮气后，氮气分子可以从周围环境中接受一个

图 1-25 光催化剂还原氮气的反应机理

（a）分离途径；（b）远端途径；（c）交替途径；（d）酶促途径

质子，从催化剂中接受一个电子，形成被吸附的化学物质。这种被吸附的化学物质通过两种不同的结合氮气方式可以转化为其他的中间体，包括交替途径和远端途径。在交替途径中，被吸附的氮气分子中的氮原子在接受氢和电子后依次转化为氨气。最终合成的氨气分子打破最后的 N—N 键后，在催化剂表面解吸附而释放。同时，远端途径涉及加氢作用，这一过程优先发生在远端氮原子，这样远端氮原子不直接与催化剂相互作用。因此，第一个氨气分子释放后，剩余的氮原子继续氢化，产生第二个氨气分子。显然，在这种关联的氮气分子还原途径中，并不需要断裂氮气分子中的第一个化学键，这意味着在还原氮气的过程中，明显减少了能量的输入。

1.3.2 光催化在环境领域的应用

1.3.2.1 降解废水中的污染物（有机物、重金属）

近年来，光催化氧化技术在水污染控制领域的应用得到研究者们的青睐。半导体光催化剂在处理污染物时利用高催化活性生成的光生电子-空穴对直接光催化分解污染物，或通过生成其他活性物质间接去除污染物。其基本降解机理为当催化剂的 CB 值比表面还原反应电位更负时发生还原反应；当催化剂的 VB 值比表面氧化反应电位更正时发生氧化反应。光生载流子的产生和复合是影响光催化性能的主要因素。

水安全问题一直是世界关注的普遍问题。在生产生活中，抗生素类药物的投放得到预期效果的同时，其使用弊端也逐渐得到人们的重视。抗生素按化学结构分为以下几类：青霉素类、头孢菌素类、氨基糖苷类、大环内酯类、四环素类等，因其结构不同性质也存在差异。常用抗生素类污染物一般有四环素、氯霉素等。服用的抗生素在体内大部分没有经过代谢，而最终进入水环境中，且抗生素类药物较稳定，因其有抗菌作用，自然的生物降解不能有效地将其从水中去除，并积累越来越多。与传统的氧化技术相比，半导体光催化技术提供了一个固定的反应环境，被吸附的有机和无机污染物可以通过光诱导氧化还原反应发生化学反应，作为一种快速、新兴的有机污染治理方法，光催化氧化技术在降解污染物方面具有很大潜力。

TiO_2 作为非常有前景的半导体材料，对四环素类污染物的去除也多见报道。如无机非金属 N 掺杂制备 $N\text{-}TiO_2$/硅藻土（N-IPP）、有机非金属聚苯胺掺杂制备 $PANI/TiO_2$、金属单质改性 Ag/TiO_2 和金属氧化物负载 CuO_2/TiO_2，都可用于去除水中四环素。此外，多金属氧化物对水中四环素类的降解也有显著效果。如 Hailili 等通过水热法制备层状结构 $Bi_5FeTi_3O_5$ 多金属氧化物光催化剂，光的吸收、催化剂结构和表面电荷转移都促使其对四环素的降解。光催化条件为：40mg 光催化剂、溶液体积 100mL、四环素浓度 $0.01mmol \cdot L^{-1}$，在 60min 内四环素全部分解，总有机碳去除率为 94.88%，说明层状结构 $Bi_5FeTi_3O_5$ 多金属氧化物对四环素有超强的去除能力。Zheng 等通过水热法制备了不同质量掺杂比的 $WO_3/Bi_{12}O_{17}Cl_2$ 非均相光催化剂，WO_3 的加入并没有破坏 $Bi_{12}O_{17}Cl_2$ 的基本结构，而是增加了复合催化剂的比表面积。当 WO_3 和 $Bi_{12}O_{17}Cl_2$

的质量比为 0.5％时，降解速率常数为 $0.046min^{-1}$，是单一 $Bi_{12}O_{17}Cl_2$ 降解速率常数的 1.8 倍。复合催化剂中形貌、比表面积、光吸收性能以及合适的带隙结构都是促进其光催化性能提高的原因。$WO_3/Bi_{12}O_{17}Cl_2$ 光催化剂不仅对四环素具有较好的去除效果，对染料（如 RhB）的催化性能也较好，WO_3 和 $Bi_{12}O_{17}Cl_2$ 的质量比为 0.5％时，降解 RhB 效果最好，其速率常数为 $0.030min^{-1}$，是单一 WO_3 和 $Bi_{12}O_{17}Cl_2$ 速率常数的 73.1 倍和 7.1 倍。一般情况下，使用光催化剂降解两种或两种以上污染物时，光催化剂最优制备条件应基本相同，其光催化趋势也应基本一致。

Wang 等用溶胶-凝胶法制备的 $ZnO-TiO_2$ 复合材料处理制药废水，考察和分析了 ZnO 掺杂率、煅烧温度、煅烧时间和光照时间对 $ZnO-TiO_2$ 复合光催化剂降解制药废水的性能和机理。结果表明，在 20mL 废水中加入 0.15mg 掺杂量为 5％的 $ZnO-TiO_2$，在 600℃下煅烧 1.5h，光照 2h，最终制药废水的脱色率为 45.8％，COD 去除率为 79.0％。因此，$ZnO-TiO_2$ 复合光催化剂对制药废水具有良好的光催化活性和催化效果。Dimitrakopoulou 课题组研究了 $UV-A/TiO_2$ 对阿莫西林（AMO）的光催化降解性能，AMO 浓度范围为 2.5～30.0mg·L^{-1}，8 种商用 TiO_2 催化剂投加量范围为 100～750mg·L^{-1}，溶液呈酸性或近中性（pH=5 或 7.5），考察两种不同基质（超纯水和二级处理出水）条件下材料对 AMO 的光催化降解性能。在所有考察的催化剂中，Degussa P25 活性最高。

殷鸿飞等通过原位沉淀法制备了一系列 Ag_3PO_4/C_3N_5 复合材料。通过在可见光照射下降解抗生素盐酸四环素来评估所制备的 Ag_3PO_4/C_3N_5 复合材料的光催化活性。与 Ag_3PO_4 和 C_3N_5 相比，制备的 Ag_3PO_4/C_3N_5 复合材料表现出优异的光催化活性和稳定性。光催化性能提高的主要原因是光吸收能力的提高和光生载流子的高效分离。通过可见光照射下降解抗生素 TCH 来评价所获得的光催化剂的光催化性能，得出的结论如下：C_3N_5 具有更宽的光响应范围，可以作为良好的载体以改善半导体光催化剂的光吸收性能；光催化降解 TCH 实验表明：与单一 C_3N_5 和 Ag_3PO_4 相比，所制备的 Ag_3PO_4/C_3N_5 复合材料具有更高的光催化活性。其中，$C_3N_5AP_3$ 光催化性能最好，其表观速率常数是 Ag_3PO_4 的 2.6 倍，与 C_3N_5 相比，提高了不止两个数量级；自由基捕获实验的结果表明：光生空穴对 TCH 的降解起主要作用，同时，·OH 和 $O_2^{\cdot-}$ 的作用也不可忽视。

张佳睿通过原位生长法制备了 $Ag_2MoO_4/WO_3·0.33H_2O$ 复合光催化材料，对其微观结构与宏观光催化性能进行了较为系统的表征，并对其协同光催化降解有机染料 RhB 溶液和抗生素 LVFX 溶液的机理进行了探索，获得了如下主要结论。XRD 测试结果表明：复合光催化剂纯度高，包含 $WO_3·0.33H_2O$ 与 Ag_2MoO_4 两相，且随着产品中 Ag_2MoO_4 的含量增加，该衍射峰逐渐增加。光催化降解性能测试结果表明：复合光催化材料中 Ag_2MoO_4 含量明显影响其光催化性能，且随着 Ag_2MoO_4 含量的增加呈现出先增大后降低的趋势；当 $WO_3·0.33H_2O$ 与 $AgNO_3$ 的理论摩尔比为 1:0.15 时，复合光催化剂获得最优催化性能，即在 45min 内降解了 99.0％的 RhB，明显高于纯样

$WO_3 \cdot 0.33H_2O$ 的 14% 和 Ag_2MoO_4 的 3%；120min 内降解了 40.9% 的 LVFX，明显高于纯样 $WO_3 \cdot 0.33H_2O$ 的 2.9% 和 Ag_2MoO_4 的 1.0%。FE-SEM 测试结果表明：复合光催化材料直径约为 $4\sim5\mu m$，Ag_2MoO_4 较好地分布于 $WO_3 \cdot 0.33H_2O$ 球形颗粒表面。UV-vis DRS 测试结果表明：复合光催化材料的带隙能约为 2.38eV，与 Ag_2MoO_4 相比，光响应范围和光吸收效率增强。EIS 测试结果表明：复合光催化材料与 $WO_3 \cdot 0.33H_2O$ 和 Ag_2MoO_4 纯样相比，其光生电子与空穴的分离更有效，界面间电荷转移更快。XPS 测试结果表明：$WO_3 \cdot 0.33H_2O$ 与 Ag_2MoO_4 之间的结合是化学键合而非物理接触。活性种测试结果表明：$O_2^{\cdot-}$ 和 h^+ 分别在光催化降解过程中起主导和辅助作用。

1.3.2.2 光催化去除大气中挥发性有机物

近年来，光催化技术在空气净化领域中越来越受到关注，从而受到广泛研究。随着人们整体生活质量的不断提高，为改善居住环境，人们频繁对房屋进行装修改造，许多装修用的化学材料对人体健康产生威胁，例如脲醛树脂和酚醛树脂等材料的使用引起的甲醛和其他有挥发性有毒有害的有机化合物。据报道，半导体光催化材料可用于甲醛的催化氧化。Shiraishi 等研究了一种新型空气净化系统，由平行排列的黑光灯、蓝荧光灯光催化反应器和圆柱形陶瓷蜂窝转子等具有吸附作用和催化活性的装置组成，该系统能够降解居住环境中的甲醛等有害物质。Yuan 证明了 TiO_2 对甲醇的光催化解离作用，发现光催化反应促进甲醇氧化。光催化净化气体不但在研究阶段取得了许多成果，更是能够投入到实际应用中去，而且已经有了部分面向市场的产品，成熟的光催化净化器在活性炭等物质的辅助下能够对工厂、厨房等环境下的臭气和油漆等物质挥发出的有害气体进行处理。

Wu 等通过金属元素掺杂的方法来弥补 $g-C_3N_4$ 的结构缺陷，同时减少 $g-C_3N_4$ 层内氢键作用，从空间上增加 melon 单元 π 共轭体系的层间距，进而改善了 $g-C_3N_4$ 的内部电子结构（包括面内电子结构及层间电子结构），来诱导光生载流子的定向传输，提高光生载流子分离效率，同时也实现对能带结构、活性位点数量的有效调控，从而提升材料的光催化活性。他通过钾掺杂类石墨氮化碳制备 KC_3N_4 光催化剂，并研究其对甲醛的去除效果。测试表征和理论计算表明，K—C 和 K—N 键的形成完善了 $g-C_3N_4$ 的 π-共轭结构，并增强了材料的碱性和光电学特性。在光催化反应过程中，钾的引入促进了材料在可见光照射下对甲醛的吸附、活化和分解过程。因此，KC_3N_4 对去除甲醛表现出高效的光催化活性，活性最佳的 KC_3N_4 材料的表观速率常数达到 $0.21L^{0.17} \cdot mol^{-0.17} \cdot min^{-1}$，是 $g-C_3N_4$（$0.007L^{0.17} \cdot mol^{-0.17} \cdot min^{-1}$）的 30 倍，这些结果为探究新型的固体强碱型光催化剂用于去除挥发性有机污染物提供了一种新方法。

1.3.2.3 消毒杀菌和自清洁

环境中许多微生物可以引发疾病甚至导致人类的死亡。世界卫生组织（WHO）估测在发展中国家内的 80% 的疾病源于被致病微生物污染的水源，目前，传统的消毒方法都需要大量的化学药品、巨大的能耗或昂贵的设备。最常用的消毒方法为氯气、臭氧和紫外光消毒。其中，氯气消毒被公认为是最有效的，但是该工艺会产成致畸、致癌的副产物，如三卤甲烷、卤乙酸等，从而造成二次污染和水质盐碱化。臭氧消毒同样会生成多种副产物，如乙醛、羧酸、酮类和溴酸盐，而且臭氧还需要复杂的设备和有效的接触系统。紫外消毒则是利用波长<280nm 的光源辐射，同样需要昂贵的光源和大量的电耗。因紫外光在水中的穿透能力有限，处理后的细菌往往还会重新生长。因而，这些消毒方法的缺点也使得他们的应用依然具有局限性。

高级氧化法是一种先通过生成多种氧化活性物种包括·OH，H_2O_2 和 $O_2^{\cdot-}$，进而氧化去除有机或无机物质的工艺。作为高级氧化法中的一种，异相光催化技术就是利用紫外光或可见光照射来激发半导体，使其生成多种活性物种而发生高级氧化反应。1985年，Matsunaga 等第一次成功采用光催化技术杀灭多种细菌，包括乳酸菌、酵母菌和大肠杆菌。之后，大量的光催化剂被用于杀菌研究。二氧化钛因其无毒、低价、高效和稳定，已经成为最常用的光催化杀菌材料。二氧化钛在紫外光下杀菌机理主要包括：半导体先吸收能量高于其带隙能量的光子，激发电子从价带跃迁到能带，促使光生电子和空穴发生分离，从而引发一系列的氧化还原反应而生成多样的氧化活性物种，这些物种对杀菌都有重要的作用。

光催化消毒工艺仍然面临很多的挑战，例如最常用的二氧化钛需要被紫外光激发，而紫外光只占据了 4% 的太阳光谱范围。近年来，TiO_2 的修饰工艺获得了很大进展，合成新型光催化剂的研究也同样有很大的发展。新型光催化剂目前主要被大量用在水分解、有机物降解、有机合成以及二氧化碳还原等方向，而用于杀菌的研究才刚刚开始，其中包括以石墨烯为基础的光催化剂、等离子体光催化剂以及天然半导体矿物材料。

目前，开发高效、廉价和环保的光催化材料仍是研究的热点。为了达到较高的光催化效果，理想的光催化剂应具备较高的物理和化学稳定性，在太阳光谱范围内有强的吸收，较低的光生电荷再结合速率低并且易于制备。$g-C_3N_4$ 是一种新型的不含金属的聚合光催化剂，其能隙为 2.7eV。王心晨等首次报道了 $g-C_3N_4$ 在可见光下较好的光解水效果。$g-C_3N_4$ 因其高稳定性、易制备性和高可见光吸收等在光解水和污染物降解领域得到了广泛的关注和应用。

贵金属，包括 Ag、Pt、Ni、Cu、Rh、Pd，都被证实可以有效提高 TiO_2 的可见光光催化活性。贵金属的费米能级都低于 TiO_2，因而光生电子能够从 TiO_2 的导带传递并沉积在其表面的金属颗粒上，从而使得光生电子-空穴对的复合大大减少。Ag 是最常用的用于提高杀菌效率的贵金属，因为 Ag 化合物及 Ag^+ 本身就具有杀菌效应，同时 TiO_2 表面沉积的 Ag 还能够有效提高可见光催化活性。Kim 等在一个半间歇反应器中用化学还原法合成了 Ag-TiO_2，在荧光管灯照射下，初始浓度为 2.4×10^7cfu/mL 的大肠杆菌有 50% 被杀灭。

等离子体金属纳米结构能够通过激发催化剂表面等离子体效应而与光子发生交互反应。通常，造成单相半导体材料光催化活性下降的原因就是光生电子-空穴对的快速复合，而等离子体光催化剂却有利于电荷整流，使电子和空穴往相反方向流动，从而提高光催化效率。光催化杀菌机理见图 1-26。Wang 等制备了新型的复合 $Ag/AgBr/WO_3 \cdot H_2O$：以 $Ag_8W_4O_{16}$ 为原料，采用微波水热法，加入 HBr 超声，通过离子交换生成 $AgBr/WO_3 \cdot H_2O$，再经由光还原而得到样品。Ag 纳米颗粒的等离子体效应捕获了光子能量并且促进了电荷迁移。电子能够从 AgBr 和 $WO_3 \cdot H_2O$ 的价带跃迁至 Ag 纳米颗粒上，进而生成更多的空穴而促进杀菌。

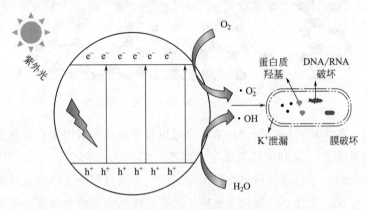

图 1-26 光催化杀菌机理示意图

$g\text{-}C_3N_4$ 是研究最为广泛的二维半导体催化剂，与其他材料结合时，可以作为一种优良的基底，有利于控制所设计的光催化剂的形貌，提高光催化性能。因此，近年来人们采取了许多策略将不同的材料装载到 $g\text{-}C_3N_4$ 表面以增强活性。其中，0D 纳米材料由于具有高比表面积和短电荷转移路径等优点，与 $g\text{-}C_3N_4$ 结合引起了极大关注。例如，在 $AgVO_3QDs/g\text{-}C_3N_4$ 光催化剂中，$Ag\text{-}VO_3QDs$ 在 $g\text{-}C_3N_4$ 纳米片表面具有更好的分散性和更小的尺寸，并且它们之间形成了紧密的 0D/2D Ⅱ型异质结构，在可见光下具有优异的降解性能和沙门氏菌消毒性能。

以三聚氰胺为前体通过热聚合和光还原法合成的 $Ag/g\text{-}C_3N_4$ 片状纳米材料作为一种高效的可见光光催化剂被应用于大肠杆菌灭活，相对纯 $g\text{-}C_3N_4$ 来说，这种复合光催化剂表现出更高效的光催化杀菌效果。通过紫外可见漫反射光谱、光致发光光谱和光电化学方法（包括光电流密度、交流阻抗、Mott-Schottky 曲线分析）来系统地研究增强消毒活性的机理。研究结果表明，$Ag/g\text{-}C_3N_4$ 光催化活性的提高归因于银和 $g\text{-}C_3N_4$ 的复合效应引起的其对可见光吸收的增强、自由电荷再结合可能性的降低、光生电子-空穴对分离和传递速率的加快。通过化学清除剂和电子自旋共振技术对消毒机理进行了进一步的研究，结果表明 h^+ 和 e^- 在光催化灭菌过程中起到了重要作用（见图 1-27）。综合考虑其易制备性和高效性，$Ag/g\text{-}C_3N_4$ 是一种具有实际应用价值的可见光光催化杀菌剂。

为了使光催化剂得到更多的应用，目前主要的改进技术围绕在光催化剂固定化以及新型光催化反应器的制造上。其中光催化剂固定化主要是为了达到分离和回收利用纳米

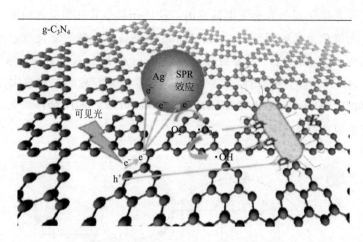

图 1-27　Ag/g-C₃N₄ 的光催化灭菌过程

催化剂的目的，常采用膜过滤沉积技术，也可以将催化剂提前固定在介质上。然而，这项工艺依然会碰到膜污染和催化剂效率下降等问题。Sun 等制备了 Ag/TiO₂ 纳米纤维膜并成功用于杀菌，不过这种材料在应用时又因为水流过程中水体的化学物质和机械黏性而影响效率。综上所述，光催化杀菌应用的推进依然需要面对很多的挑战。

第2章

银掺杂法银基半导体光催化剂的制备、表征及其光催化性能研究

2.1 银掺杂法银基半导体光催化剂的制备

2.1.1 常用的银基半导体光催化剂制备方法

2.1.1.1 固相法

固相法主要包含：热分解法、固相反应法、高能球磨法等。固相法具有工艺简单、结晶度高等特点。固相法作为一种简捷新颖的化学合成技术，相对液相法而言，具有操作简单、条件温和、能耗小的优势。曹亚丽等通过简单的一步室温固相合成技术来制备 Ag_2O/Ag_2CO_3 异质结复合材料，进而提高单一 Ag_2CO_3 催化剂的降解性能及重复使用性能，与单一的催化剂 Ag_2O 和 Ag_2CO_3 相比，采用固相法合成的具有 p-n 异质结的 Ag_2O/Ag_2CO_3 光催化剂表现出了更优异的光降解性能及重复使用稳定性，可见光吸收强度明显增强，光生载流子分离效率得到了提高，光生电子和空穴在两半导体之间转移效率变快，使其表现出更为优异的光催化性能在可见光下，25min 内对亚甲基蓝的降解效率达到了 100%，在循环 6 次之后依然能达到 70% 的降解效率。另外，固相法合成的包含异质结的光催化材料对较难降解的酚类污染物也表现出了较好的降解能力，60min 内可降解 80%。

2.1.1.2 液相法

液相法具有成本低、流程短、可大批量生产等优点，但是产物容易发生团聚。

（1）溶剂热法

溶剂热法是采用反应釜将室温下难溶或不溶的物质溶解并发生化学反应，通过溶解-再结晶机理实现晶体的生长的一种合成方法。水热反应温度、反应时间和 pH 值是影响

水热反应的主要因素。反应体系温度会影响晶体的成核、成长及晶化过程，一般适宜的温度范围是 160～180℃。体系温度越高，晶体生长越充分，所得材料结晶性越好，缺陷越少。反应时间越长，晶体粒径越大，比表面积减小，结晶度提高。pH 越大，晶化度越高，所得样品的晶粒尺寸也越大。溶剂热法与水热法的区别在于所使用的溶剂为有机溶剂。在溶剂热条件下，固体反应底物的溶解性、分散性和化学反应活性都变高，使得反应较容易进行。

溶剂热合成的化学特点：①由于在溶剂热条件下反应物反应性能的改变、活性的提高以及对产物生成的影响，溶剂热合成方法有可能代替固相反应等进行难以在一般合成条件下进行的化学反应，也可以根据反应的特点开发出一系列新的合成路线；②由于在溶剂热条件下，某些特殊的氧化还原中间态、介稳相以及特殊物相易于生成，因此能合成与开发出一系列特种价态、特种介稳结构、特种聚集态的新物相与新物质；③低熔点、高蒸气压且不能在熔体中生成的物质以及高温条件下容易分解的物相能够在溶剂热的低温条件下晶化生成；④溶剂热的低温、等压与液相反应等条件，有利于生长缺陷少的完美晶体，也易于控制产物晶体的粒度与形貌；⑤由于易于调节溶剂热条件下的环境气氛与相关物料的氧化还原电位，因此有利于某些特定低价态、中间价态与特殊价态化合物的生成，并能均匀地进行掺杂。

溶剂热反应的基本类型：①合成反应，通过数种组分在溶剂热条件下直接化合或经中间态进行化合反应，利用此类反应可合成大量多晶或单晶材料；②晶化反应，在溶剂热条件下，使溶胶、凝胶等非晶态物质进行晶化反应，大量沸石与微孔晶体的合成属此类反应；③水解反应，在溶剂热条件下，进行加水分解的反应，如醇盐水解等；④溶剂热条件下的单晶培养，在籽晶存在下生长完美大单晶，如水晶（石英单晶）等多功能人工晶体的培养；⑤转晶反应，指利用溶剂热条件下物质热力学和动力学稳定性差异进行的反应，众多介稳态微孔晶体的转晶即属此列。

（2）微波辅助水热合成

微波辅助水热合成采用频率 300MHz～300GHz 的电磁波使水热结晶过程加速。与传统水热法相比，它反应快、周期短、效率高、成本低、粒径均匀，可用于合成纳米磁性粒子、制备银钒氧化物、微弧氧化（二氧化钛）等表面处理，提高表面陶瓷膜的耐蚀性。

（3）微乳液法

两种互不相溶的溶剂在表面活性剂的作用下形成乳液，在微泡中经成核、聚结、团聚、热处理后得纳米粒子。得到的粒子的单分散和界面性好，Ⅱ～Ⅵ族半导体纳米粒子多用此法制备。微乳液是热力学稳定、透明的水滴在油中（W/O）或油滴在水中（O/W）形成的单分散体系，其微结构的粒径为 5～70nm，分为 O/W 型和 W/O（反相胶束）型两种，是表面活性剂分子在油/水界面形成的有序组合体。微乳液法与传统的制备方法相比，具有明显的优势，是制备单分散纳米粒子的重要手段，合成的材料具有粒径可控、分散性好、易于表面修饰等特点。具体可分为水包油型和油包水型两种。

用该法制备纳米粒子的实验装置简单，能耗低，操作容易，具有以下明显的特点：①粒径分布较窄，粒径可以控制；②选择不同的表面活性剂修饰微粒子表面，可获得特殊性质的纳米微粒；③粒子的表面包覆一层（或几层）表面活性剂，粒子间不易聚结，稳定性好；④粒子表层类似于"活性膜"，该层基团可被相应的有机基团所取代，从而制得特殊的纳米功能材料；⑤表面活性剂对纳米微粒表面的包覆改善了纳米材料的界面性质，显著地改善了其光学、催化及电流变等性质。

（4）化学共沉淀法

在溶液中含有两种或多种阳离子，它们以均相存在于溶液中，加入沉淀剂，经沉淀反应后，可得到各种成分的均一的沉淀，化学共沉淀法是制备含有两种或两种以上金属元素的复合氧化物超细粉体的重要方法。化学共沉淀法的优点：①通过溶液中的各种化学反应直接得到化学成分均一的纳米粉体材料；②容易制备粒度小而且分布均匀的纳米粉体材料。化学共沉淀法制备 ATO 粉体具有制备工艺简单、成本低、制备条件易于控制、合成周期短等优点，已成为目前研究最多的制备方法。

化学共沉淀法可分为单相共沉淀和混合物共沉淀。

① 单相共沉淀。沉淀物为单一化合物或单相固溶体时，称为单相共沉淀，亦称化合物沉淀法。溶液中的金属离子以具有与配比组成相等的化学计量化合物的形式沉淀。因而，当沉淀颗粒的金属元素之比就是产物化合物的金属元素之比时，沉淀物具有在原子尺度上的组成均匀性。但是，对于由两种以上金属元素组成的化合物，当金属元素之比是简单的整数比时，可以保证组成的均匀性，而当要定量地加入微量成分时，保证组成均匀性常常很困难。利用形成固溶体的方法，就可以收到良好效果。不过，形成固溶体的系统是有限的，适用范围窄，仅对有限的草酸盐沉淀适用。

② 混合物共沉淀（多相共沉淀）。沉淀产物为混合物时，称为混合物共沉淀。为了获得均匀的沉淀，通常将含多种阳离子的盐溶液慢慢加到过量的沉淀剂中并进行搅拌，使所有沉淀离子的浓度大大超过沉淀的平衡浓度。尽量使各组分按比例同时沉淀出来，从而得到较均匀的沉淀物。但由于组分之间产生沉淀时的浓度及沉淀速度存在差异，溶液的原始原子水平的均匀性难以保证，沉淀通常是氢氧化物或水合氧化物，也可以是草酸盐、碳酸盐等。此法的关键在于如何使组成材料的多种离子同时沉淀。一般通过高速搅拌、加入过量沉淀剂以及调节 pH 值来得到较均匀的沉淀物。

（5）化学水解法

化学水解法是指在一定温度下，通过化学试剂将蛋白质分子的肽链断裂，使之形成小分子多肽物质的方法，包括酸水解法和碱水解法。酸水解法的成本低，但会导致色氨酸完全破坏，蛋氨酸部分丢失，谷氨酰胺转化为谷氨酸，天冬酰胺转化为天冬氨酸。碱水解法也具有成本低的优点，并且可以获得 100% 的色氨酸回收率，但会导致大多数原子吸收光谱完全破坏。

对于在水中易发生水解反应的钛盐，在搅拌条件下将其逐滴加入水中，需控制溶剂类型、pH 和煅烧温度。

（6）溶胶-凝胶法

溶胶-凝胶法就是用含高化学活性组分的化合物作前驱体，在液相下将这些原料均匀混合，并进行水解、缩合化学反应，在溶液中形成稳定的透明溶胶体系，溶胶经陈化胶粒间缓慢聚合，形成三维网络结构的凝胶，凝胶网络间充满了失去流动性的溶剂，形成凝胶。凝胶经过干燥、烧结固化制备出分子乃至纳米亚结构的材料。

溶胶-凝胶法的化学过程：首先将原料分散在溶剂中，然后经过水解反应生成活性单体，活性单体进行聚合，开始成为溶胶，进而形成具有一定空间结构的凝胶，经过干燥和热处理制备出纳米粒子和所需要材料。

最基本的反应如下：

水解反应 $\quad M(OR)_n + x H_2O \longrightarrow M(OH)_x(OR)_{n-x} + x ROH$

聚合反应 $\quad -M-OH + HO-M \longrightarrow -M-O-M- + H_2O$

$\quad\quad\quad\quad\quad -M-OR + HO-M \longrightarrow -M-O-M- + ROH$

上述两种反应均属于双分子亲核加成反应。亲核试剂的活性、金属烷氧化合物中配位基的性质、金属中心的配位扩张能力和金属原子的亲电性均对该反应的活性产生影响。

2.1.1.3 静电纺丝法

静电纺丝法（electrostatic spinning）由于其能制造具有高纵横比、大比表面积、高柔韧性和表面功能性的纳米纤维受到广泛关注，通过改变工艺参数可以很好地设计一维纳米材料的形貌，被认为是制备纳米纤维的首选工艺。到目前为止，已经通过静电纺丝的方法合成了多孔、空心和核壳结构，可以很好地控制纳米纤维的直径。Rong 等通过静电纺丝技术构建了多层多孔 $WO_3/CdWO_4$ 管内纤维异质纳米结构（合成示意图见图 2-1）。

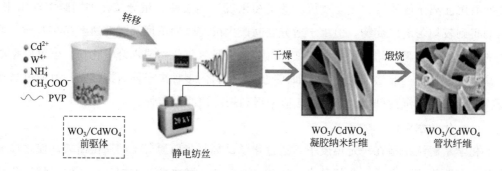

图 2-1 静电纺丝技术制备异质纳米结构示意图

毕迎普采用静电纺丝的方法制备了一种新型的项链状的 Ag_3PO_4/PAN 一维纳米复合材料，并通过改变实验条件实现了对 Ag_3PO_4/PAN 复合材料结构和形貌的调控。由于聚合物 PAN 的保护作用，避免了光腐蚀作用，使磷酸银的活性有了较大的提高。此外，该方法在制备无机纳米粒子-聚合物复合结构材料也具有极高的通用性和实用性，可用于光催化和光电研究领域。

2.1.2　Ag 修饰 Bi_2GeO_5 光催化剂的制备

Bi_2GeO_5 作为一种典型的 Aurivillius 型氧化物，是由 GeO_4 四面体层和 Bi_2O_2 离子层交替排列而构成的层状钙钛矿结构衍生化合物，Bi_2GeO_5 的禁带宽度为 $3.35eV$，是 n 型半导体材料，具有稳定、无毒的特征，有望应用于光降解污染物。其层状结构可以有效地提高催化剂的量子效率，这种 Bi_2GeO_5 具有较好的光催化作用，可作为氧化罗丹明 B（RhB）的催化剂。然而由于其载流子迁移性较差，且电子空穴复合率高，严重影响 Bi_2GeO_5 的催化活性，RhB 的实际应用受到限制。

金属掺杂或贵金属负载能够明显提高材料的光催化性能。当不同价态的过渡金属离子进入半导体的晶格中时，半导体会产生晶格应变，产生空位氧，提高光生电子和空穴的分离效率，改善其光催化性能。同时，在一定程度上离子掺杂能够改变半导体的带隙结构，带隙能变小。而贵金属负载到半导体表面，与半导体在纳米尺度结合时，由于各自具有不同的费米能级，在界面处会形成 Schottky 势垒，费米能级的持平使电子从光催化剂流向金属，从而抑制了载流子的复合。Xu 课题组制备了掺杂量不同的 Co-ZnO 纳米结构光催化剂，实验结果显示，Co-ZnO 复合后催化活性比单一的 ZnO 纳米材料高出很多，与预期相符合。Masakazu Anpo 等把 Pt、Ru 纳米粒子负载到 TiO_2 上，发现其光催化性能得到很大提高。

基于此，本节采用一步溶剂热法，以一定比例的水和二乙醇胺混合物为溶剂，$AgNO_3$ 为 Ag 源，用 Ag 修饰 Bi_2GeO_5 纳米粒子，制备 Ag 修饰的 Bi_2GeO_5 光催化剂。随后通过光降解 RhB 和 TNT 对样品的光催化活性进行测试，评估了不同配比的 Ag 修饰对光催化性能的影响。结果表明，0.1Ag（此处为原子数分数）修饰的 Bi_2GeO_5 光降解 RhB 和 TNT 的性能要优于其他比例修饰的 Bi_2GeO_5。适量 Ag 修饰提高了 Bi_2GeO_5 光催化剂的电荷分离和转移。

Ag 修饰 Bi_2GeO_5 纳米材料通过溶剂热法制备，具体过程如下：首先将 0.26g GeO_2 和 2.5g $Bi(NO_3)_3 \cdot 5H_2O$ 搅拌加入 40mL 由 10mL 去离子水和 30mL 二乙醇胺混合形成的溶剂中。然后，分别将 0、0.25mmol、0.5mmol、0.75mmol 的 $AgNO_3$ 加入混合溶液中，搅拌一段时间。然后将混合溶液转移到反应釜中，170℃ 下反应 24h。等反应釜冷却后，离心、分离、洗涤、干燥。定义 R_N 作为 Ag 对 Ge 的原子数分数，R_N 的值设置为 0，0.1，0.2，0.3，标记为样品纯 Bi_2GeO_5、$0.1Ag-Bi_2GeO_5$、$0.2Ag-Bi_2GeO_5$ 和 $0.3Ag-Bi_2GeO_5$。

Ag 修饰 Bi_2GeO_5 的形成机理如图 2-2 所示。在弱还原性溶剂二乙醇胺中，采用 $AgNO_3$ 作为银源，通过溶剂热法形成 Ag^+ 掺杂和单质 Ag 沉积的 Bi_2GeO_5。花状 Ag 修饰 Bi_2GeO_5 的形成包括三个步骤：

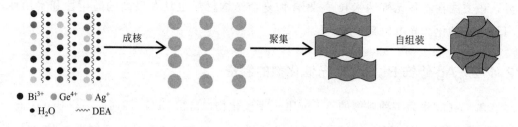

图 2-2　Ag-Bi$_2$GeO$_5$ 微花形成机理

① 晶核形成，在水热高压反应中二乙醇胺溶于水产生 OH$^-$ 提供碱性环境，Bi^{3+}、Ag$^+$ 和 Ge^{4+} 在高温高压条件下形成 Bi$_x$Ag$_{6-3x}$GeO$_5$ 纳米晶体，其形成过程所涉及化学方程式表达如下：

$$[HO(CH_2)_2]_2NH + H_2O \rightleftharpoons [HO(CH_2)_2]_2NH_2^+ + OH^-$$
$$GeO_2 + OH^- \rightleftharpoons HGeO_3^-$$
$$xBi^{3+} + (6-3x)Ag^+ + HGeO_3^- + 5OH^- \rightleftharpoons Bi_xAg_{6-3x}GeO_5 + H_2O$$

同时，由于二乙醇胺的还原作用，AgNO$_3$ 中少量 Ag$^+$ 转变为 Ag 单质，然后，许多微小的纳米晶体开始成核，形成规则的粒子。

② 团聚，新生成的颗粒具有非常大的表面能，倾向于通过聚集和重结晶形成纳米片来降低系统能量。

③ 自组装，许多不同取向的纳米片通过自组装形成微花结构。

2.2　银掺杂法银基半导体光催化剂的表征

2.2.1　常用的银基半导体光催化剂表征方法

2.2.1.1　X 射线衍射测试（XRD）

X 射线衍射（XRD）是一种用于表征结晶材料的强大的非破坏性技术，可以提供晶体结构、相、优选晶体取向（纹理）和其他结构参数等信息，如平均晶粒尺寸、结晶度、应变和晶体缺陷。

X 射线衍射图谱能够反映催化剂晶体结构，使用 Jade 软件与标准卡片比对能确定催化剂晶体结构。

2.2.1.2　形貌结构分析

（1）扫描电子显微镜

扫描电子显微镜（SEM）是一种介于透射电子显微镜和光学显微镜之间的一种观察手段。如图 2-3 所示，扫描电子显微镜中电子从电子枪发射后被加速，然后通过磁透镜聚焦，最终以点的形式照射到样品上。点的宽度与电子枪类型、加速电压等有关，最细可达到 1nm。逐点扫描并收集二次电子或背散射电子，扫描样品的同时，显示屏逐步显示图。扫描电子显微镜的分辨率可以达到 1nm；放大倍数可以达到 30 万倍及以上并连续可调；并且景深大，视野大，成像立体效果好。此外，扫描电子显微镜和其他分析仪器相结合，可以做到观察微观形貌的同时进行物质微区成分分析。

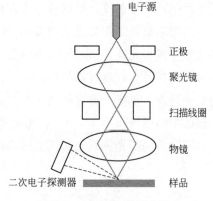

图 2-3　扫描电镜示意图

扫描电镜的特点如下所述。

① 仪器分辨率较高，通过二次电子像能够观察试样表面 6nm 左右的细节，采用 LaB6 电子枪，可以进一步提高到 3nm。

② 仪器放大倍数变化范围大，且能连续可调。因此可以根据需要选择大小不同的视场进行观察，同时在高放大倍数下也可获得一般透射电镜较难达到的高亮度的清晰图像。

③ 观察样品的景深大，视场大，图像富有立体感，可直接观察起伏较大的粗糙表面和试样凹凸不平的金属断口像等。

④ 样品制备简单，只要将块状或粉末状的样品稍加处理或不处理，就可直接放到扫描电镜中进行观察，因而更接近于物质的自然状态。

⑤ 可以通过电子学方法有效地控制和改善图像质量，采用双放大倍数装置或图像选择器，可在荧光屏上同时观察放大倍数不同的图像。

⑥ 可进行综合分析。装上波长色散型 X 射线谱仪（WDX）或能量色散 X 射线谱仪（EDX），使之具有电子探针的功能，也能检测样品发出的反射电子、X 射线、阴极荧光、透射电子、俄歇电子等。另外，还可以在观察形貌图像的同时，对样品任选微区进行分析；装上半导体试样座附件，通过电动势象放大器可以直接观察晶体管或集成电路中的 PN 结和微观缺陷。不少扫描电镜电子探针实现了电子计算机自动和半自动控制，因而大大提高了定量分析的速度。

（2）透射电子显微镜

透射电子显微镜（transmission electron microscope，TEM）简称透射电镜，使用透射电子显微镜可以看到在光学显微镜下无法看清的小于 $0.2\mu m$ 的细微结构，这些结构称为亚显微结构或超微结构。要想看清这些结构，就必须选择波长更短的光源，以提高显微镜的分辨率。1932 年 Ruska 发明了以电子束为光源的透射电子显微镜，电子束的波长要比可见光和紫外光短得多，并且电子束的波长与发射电子束的电压平方根成反比，也就是说电压越高、波长越短。目前 TEM 的分辨率可达 0.2nm。

透射电镜与光学显微镜的最大的不同在于用电子替代光，可以提高放大倍数，它最主要的两大系统是聚光系统和成像系统。聚光系统位于样品前，作用是得到理想光源；成像系统位于样品后，作用是放大和优化成像。入射电子和样品相互作用产生各种电子。通过拍摄透射电镜图片能够获得催化剂的整体透视轮廓。通过进一步拍摄高倍电镜图片产生的晶格条纹，可以进一步获取材料晶面信息。

透射电镜的工作原理见图 2-4，由电子枪发射出来的电子束，在真空通道中沿着镜体光轴穿越聚光镜，通过聚光镜将之会聚成一束尖细、明亮而又均匀的光斑，照射在样品室内的样品上；透过样品后的电子束携带有样品内部的结构信息，样品内致密处透过的电子量少，稀疏处透过的电子量多；经过物镜的会聚调焦和初级放大后，电子束进入下级的中间透镜和第 1、第 2 投影镜进行综合放大成像，最终被放大了的电子影像投射在观察室内的荧光屏板上；荧光屏将电子影像转化为可见光影像以供使用者观察。

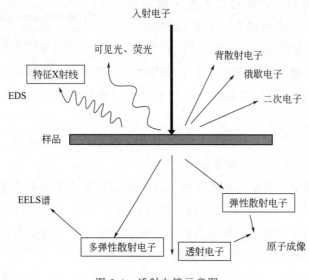

图 2-4　透射电镜示意图

透射电镜的成像原理如下所述。

① 吸收像：当电子照射到密度大的样品时，主要的成像作用是散射作用。样品上厚度大的地方对电子的散射角大，通过的电子较少，像的亮度较暗。早期的透射电子显微镜都是基于这种原理。

② 衍射像：电子束被样品衍射后，样品不同位置的衍射波振幅分布对应于样品中晶体各部分不同的衍射能力，当出现晶体缺陷时，缺陷部分的衍射能力与完整区域不同，从而使衍射波的振幅分布不均匀，反映出晶体缺陷的分布。

③ 相位像：当样品薄至 100Å 以下时，电子可以穿过样品，波的振幅变化可以忽略，成像来自于相位的变化。

2.2.1.3　X 射线光电子能谱（XPS）测试

X 射线光电子能谱技术（X-ray photoelectron spectroscopy，XPS）是一种表面分析方法，使用 X 射线去辐射样品，使原子或分子的内层电子或价电子受激发射出来，被光子激发出来的电子称为光电子，可以测量光电子的能量和数量，从而获得待测物组成。XPS 的主要应用是测定电子的结合能来鉴定样品表面的化学性质及组成的分析，光电子来自表面 10nm 以内，仅带出表面的化学信息，具有分析区域小、分析深度浅和不破坏样品的特点，广泛应用于金属、无机材料、催化剂、聚合物、涂层材料、矿石等各种材料的研究，以及腐蚀、摩擦、润滑、粘接、催化、包覆、氧化等过程的研究。使用 X 射线光电子能谱（XPS）可以确定光催化剂的元素组成和表面价态情况。

（1）基本原理

X 射线光子的能量在 $1000\sim1500\text{eV}$ 之间，不仅可使分子的价电子电离，而且可以把内层电子激发出来，内层电子的能级受分子环境的影响很小。同一原子的内层电子结合能在不同分子中相差很小，故它是特征的。光子入射到固体表面激发出光电子，利用能量分析器对光电子进行分析的实验技术称为光电子能谱。XPS 的原理见图 2-5，以光电子的动能/束缚能（binding energy）为横坐标，相对强度（脉冲/s）为纵坐标可做出光电子能谱图。从而获得试样有关信息。X 射线光电子能谱因对化学分析最有用，因此被称为化学分析用电子能谱（electron spectroscopy for chemical analysis）。

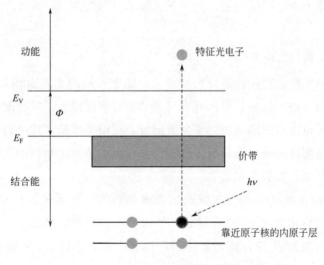

图 2-5　XPS 原理示意图

（2）特点

① 可以分析除 H 和 He 以外的所有元素，对所有元素的灵敏度具有相同的数量级。

② 相邻元素的同种能级的谱线相隔较远，相互干扰较少，元素定性的标识性强。

③ 能够观测化学位移。化学位移同原子氧化态、原子电荷和官能团有关。化学位移信息是 XPS 用作结构分析和化学键研究的基础。

④ 可作定量分析。既可测定元素的相对浓度，又可测定相同元素的不同氧化态的相对浓度。

⑤ 高灵敏、超微量。样品分析的深度约 2nm，信号来自表面几个原子层，样品量可少至 10^{-8}g，绝对灵敏度可达 10^{-18}g。

2.2.1.4　紫外-可见漫反射吸收光谱（UV-vis DRS）

随着光谱技术的迅速发展，光学测量在表面表征中已占有非常重要的位置。由测量染料、颜料而发展起来的紫外-可见漫反射光谱是检测单品材料的一种有效方法。近几年，在多相催化剂研究中，常用紫外-可见漫反射光谱研究过渡金属离子及其化合物结构、氧化还原状态、配位对称性和金属离子的价态等，尤其是研究活性组分与载体间的相互作用。该方法具有很高的分辨率，灵敏度高，设备简便，是测试物质表面结构的快速方法之一。

使用紫外-可见漫反射光谱仪（diffuse reflectance ultraviolet visible spectrum，DRS UV-Vis）对样品进行测试，可以分析固体样品的光吸收能力和样品表面过渡金属离子的配位状态。通过紫外-可见漫反射吸收光谱（UV-vis DRS），可以检测光催化剂的光吸收性能，并且通过计算能获得能带结构信息。根据 Kubelka-Munk 公式计算催化剂禁带宽度：

$$\alpha h\nu = A(h\nu - E_g)^{n/2}$$

式中，α 是吸收系数；h 是普朗克常量；E_g 是能量带隙；ν 是光频率；n 值取决于半导体是直接带隙或者是间接带隙，当半导体是直接带隙时，n 取 1，当半导体是间接带隙，n 取 4。

2.2.1.5 比表面积与孔径分布

使用自动物理吸附仪对样品进行测试，分析测定样品的比表面积和孔径分布情况。超低温下，吸附剂（被测样品）表面具有可逆的物理吸附能力，对吸附质具有一定的平衡吸附量。根据理论模型和测试所得平衡吸附量，可以得出被测样品的比表面积和孔径分布情况。由于被测样品外表面具有不规则性，因而上述方法测得的比表面积数值仅为样品外表面和内部通孔总表面积之和。

ASAP 2020 比表面积-孔径分析仪测试光催化剂的比表面积、孔容和孔径的方法：测试之前预先对光催化剂在 100℃进行脱气处理 6h，然后进行低温（-196℃）N_2 吸附性能测试。采用多点 BET 法计算光催化剂的比表面积，通过 N_2 吸附容积计算孔隙容积，使用 BJH 法可计算得到平均孔径。

2.2.1.6 光电化学性能测试

光催化剂电化学和光电化学性质可用电化学工作站（CHI660E）分析，采用三电极体系。光催化剂涂覆在氟掺杂氧化锡的导电玻璃（FTO）上作为工作电极，铂片作为对电极，饱和甘汞电极作为参比电极。工作电极制备方法：取样品 4mg 于 2mL 离心管中，加入去离子水 950μL，再加入 50μL 萘酚溶液，超声 30min，用 3mL 塑料滴管滴加 4 滴混合液于 FTO 上涂匀，之后烘干备用。

（1）交流阻抗测试

使用电化学工作站对样品进行交流阻抗（electrochemical impedance spectroscopy，EIS）测试，分析样品的电荷转移电阻和电荷转移效率。在三电极体系中，选用饱和甘汞电极为参比电极，Pt 丝为对电极以及 1mol/L KOH 溶液为电解液。为了获得电极材料的交流阻抗值，在测试过程中选用小振幅的正弦波电位（或电流）作为扰动信号，对体系进行扰动，分析获得线性关系，得出电极交流阻抗值。

（2）瞬态光电流测试

使用电化学工作站对样品进行瞬态光电流（photocurrent spectra，PC）测试，分析样品的光生电子和空穴分离效率。在三电极体系中，选用饱和甘汞电极为参比电极，Pt 丝为对电极、材料修饰的 FTO 玻璃为工作电极，0.1mol/L Na_2SO_4 溶液为电解液。使用 300W 氙灯作为光源，通过间隔 20s 从 FTO 玻璃正面照射样品，分析样品瞬态光电流响应性质。

（3）莫特-肖特基测试

使用电化学工作站对样品进行莫特-肖特基（Mott-Schottky）测试，分析样品的导带和价带电势电位。在三电极体系中，选用 Ag/AgCl 电极为参比电极，Pt 丝为对电极，光催化剂涂覆在氟掺杂氧化锡的导电玻璃（FTO）上作为工作电极，0.1mol/L Na_2SO_4 溶液为电解液。在交流频率设置为 1000Hz、测定范围设置为 $-1.0\sim1.0V$ 的条件下，测得的数据采用 $1/C^2$ 与 E 作图，结合紫外-可见漫反射光谱，可以得出样品导带和价带的电势电位，实现对材料能带结构的深入了解。

2.2.2　Ag 修饰 Bi_2GeO_5 光催化剂的表征

2.2.2.1　XRD 分析

采用 X 射线粉末衍射仪分析样品的晶体结构。图 2-6 为制备的 Ag 修饰 Bi_2GeO_5 微花样品的 XRD 图谱。从图中可以看出，该图在 11.3°、22.7°、23.5°、23.8°、28.7°、32.5°、33.2°、34.3°、36.9°、47.2°、47.9°、52.9°、54.0°处有明显的衍射峰，这些衍射峰都能够很好地与斜方晶系 Bi_2GeO_5（JCPDS 卡片：77-1641）的衍射峰（200）、（400）、（310）、（111）、（311）、（020）、（002）、（600）、（511）、（022）、（620）、（330）、

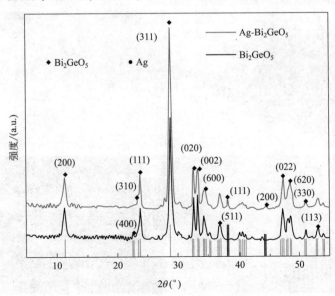

图 2-6　样品的 XRD 衍射图谱

（113）相对应。另外，Ag 修饰 Bi_2GeO_5 样品在 38°和 43°处可以看到微弱的衍射峰，这与面心立方相银单质的衍射峰（JCPDS 卡片：04-0783）相匹配，这是修饰的 Ag^+ 被还原的结果，衍射峰的存在证明了 Ag 单质被修饰到 Bi_2GeO_5。Ag 修饰 Bi_2GeO_5 微花样品的衍射峰比纯 Bi_2GeO_5 的衍射峰宽化，这是由于 Ag^+ 原子半径（1.26Å）较大，较难进入样品的晶体结构中，团聚在晶体边缘从而造成晶格缺陷。

2.2.2.2 形貌结构分析

用 SEM、TEM 和 SAED 分别对产物的形貌和晶体结构进行了研究。图 2-7（a）和图 2-7（b）显示了纯 Bi_2GeO_5 微花样品的 SEM 图像，样品的形貌主要由平均直径为 $3\mu m$ 的分层微花组成，由表面光滑的二维纳米片团聚构成。由低倍和高倍 SEM 图像

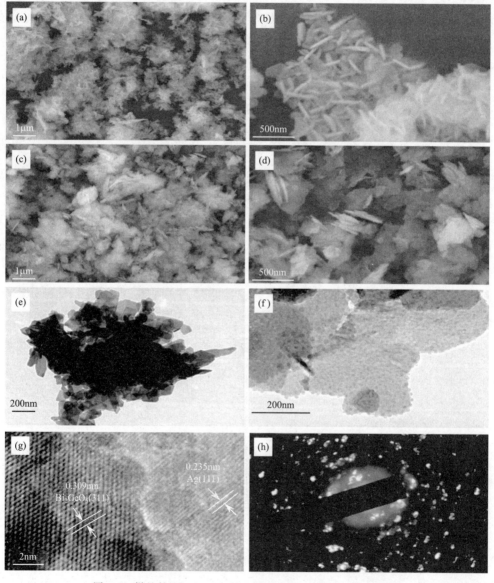

图 2-7　样品的 SEM、TEM、HRTEM、SAED 和 EDX 表征

图 2-7(c) 和图 2-7(d) 可知，Ag-Bi$_2$GeO$_5$ 微花是由大量的 Ag-Bi$_2$GeO$_5$ 纳米片通过自组装团聚形成的，而且所制备的 Ag-Bi$_2$GeO$_5$ 微结构具有典型的层次结构。在图 2-7(c) 中，这些纳米片紧密地聚集在一起，甚至形成微球以降低表面能。由于纳米金属 Ag 的存在，由 Ag-Bi$_2$GeO$_5$ 微花 [图 2-7(d)] 组成的纳米片比由纯 Bi$_2$GeO$_5$ 微花 [图 2-7(b)] 组成的纳米片厚。从图 2-7(d) 中，观察到一些尺寸为 20～30nm 的球状固体沉积在 Bi$_2$GeO$_5$ 的表面上。层状微花是由纳米片自组装形成的，在片与片之间形成孔结构。通过氮气吸附-解吸等温线测量和相应的 BJH 孔径分布图，进一步验证了 Ag-Bi$_2$GeO$_5$ 微花的大孔结构。观察单个 Ag-Bi$_2$GeO$_5$ 微花的低倍率 TEM 图像 [图 2-7(e)] 会发现微花结构具有浅色外围和深暗色的中心区域，表明由纳米片组装成的微花结构内部中心位置比较密实而外围部分比较疏松，与 SEM 结果一致。此外，高倍率 TEM 图像 [图 2-7(f)] 进一步证实了 Ag-Bi$_2$GeO$_5$ 微花的边缘的纳米片结构。高分辨透射电镜（HRTEM）图 [图 2-7(g)] 显示出 Ag 和 Bi$_2$GeO$_5$ 的晶格间距分别为 0.204nm 和 0.26nm，分别与（200）和（600）面的晶面一致。从样品边缘采集的单个 Ag-Bi$_2$GeO$_5$ 纳米片的选区电子衍射（SAED）图案分析表明，这些 Ag-Bi$_2$GeO$_5$ 纳米片为单晶 [图 2-7(h)]。

2.2.2.3　XPS 分析

在 XPS 测试中，将 Ag 修饰 Bi$_2$GeO$_5$ 微花样品暴露于单色 X 射线中，并探索样品表面物种的化学状态。在 XPS 分析中获得的结合能在样品充电时被标准化，以 C 为参考，在 284.6eV。Ag 修饰 Bi$_2$GeO$_5$ 微花样品的 XPS 光谱如图 2-8 所示。根据 Ag 修饰 Bi$_2$GeO$_5$ 微花样品的 XPS 光谱 [见图 2-8(a)]，样品中只含有 Ag、Bi、Ge 和 O。Ag 3d 的 XPS 光谱如图 2-8(b) 所示，Ag 3d$_{3/2}$ 和 Ag 3d$_{5/2}$ 的峰分别出现在 373.3eV 和 367.3eV。对 Ag 3d 进行分峰拟合，Ag 3d$_{3/2}$ 可以进一步分解为 373.7eV 和 373.0eV 两个峰，同样地，Ag 3d$_{5/2}$ 也可以被分解为 367.7eV 和 367.0eV 两个峰。在 373.7eV 和 367.7eV 处的峰属于 Ag$^+$，表明催化剂中有 Ag$_2$O 存在。Ag 3d 出现在 373.0eV 和 367.0eV 处的峰属于金属银单质，其结合能差为 6.0eV，进一步表明 Ag 单质存在于 Ag 修饰 Bi$_2$GeO$_5$ 微花样品中。在 Ge 3d 的 XPS 谱图 [见图 2-8（c）] 中，其 [GeO$_3$]$^{2-}$（Ge^{4+}）态的峰位于 30.4eV。在图 2-8(d) Bi 4f 的图谱中，158.1eV 和 163.1eV 处的两个强峰表明 Bi 处于 Bi^{3+} 氧化态。图 2-8(e) 显示了 O 1s 的高分辨 XPS 光谱，不对称峰可分解为结合能为 530.3eV 和 532.2eV 的两个特征峰，它们分别归因于晶格氧（O^{2-}）和吸附在表面上的·OH 基团或 H$_2$O。鉴于测试前样品已干燥，说明催化剂对 H$_2$O 或·OH 基团具有良好的吸附性能，这对于促进催化剂的光催化活性是非常有用的。羟基（·OH）和晶格氧（O^{2-}）的结合能之间的差为 1.9eV，这与报道的 1.5～1.9eV 一致。此外，产物中银单质的存在也通过图 2-8(f) 中的 EDX 分析得到证实，制备的样品中 Bi 和 Ge、O 和 Ge 的原子数分数分别为 2∶1、4.3∶1，这说明制备的样品表面存在一定数量氧空位缺陷。EDX 测试结果与 XRD 和 XPS 结果一致，表明 Ag 修饰 Bi_2GeO_5 样品制备成功，并且表面存在氧空位缺陷。

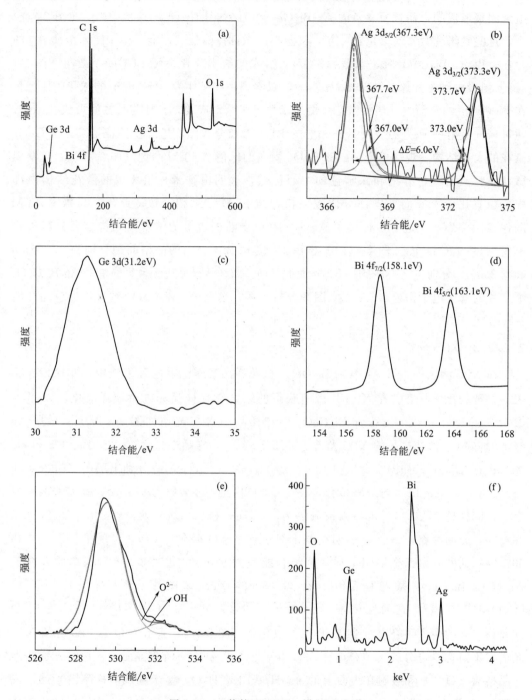

图 2-8 Ag 修饰 Bi_2GeO_5 的 XPS 光谱

（a）全谱图，（b）Ag 3d，（c）Ge 3d，（d）Bi 4f，（e）O 1s；（f）Ag-Bi_2GeO_5 EDX 图

2.2.2.4 UV-vis-DRS 分析

图 2-9 为纯 Bi_2GeO_5、0.1Ag-Bi_2GeO_5、0.2Ag-Bi_2GeO_5 和 0.3Ag-Bi_2GeO_5 催化

剂的紫外-可见漫反射吸收光谱的比较，结果表明，纯 Bi_2GeO_5 在 300nm 处有强吸收峰，其吸收边大约是 370nm，属于紫外区吸收。相比于纯 Bi_2GeO_5，$0.1Ag-Bi_2GeO_5$、$0.2Ag-Bi_2GeO_5$ 和 $0.3Ag-Bi_2GeO_5$ 在可见光区域都表现出一定的吸收，可能是由于 $Ag-Bi_2GeO_5$ 催化剂中存在的 Ag 单质局部表面等离子体作用。在紫外光区，$0.1Ag-Bi_2GeO_5$、$0.2Ag-Bi_2GeO_5$ 和 $0.3Ag-Bi_2GeO_5$ 都表现出强吸收，其中，$0.1Ag-Bi_2GeO_5$ 吸收效果最佳，说明 Ag 修饰量需要适度，过量的修饰不利于其光吸收性

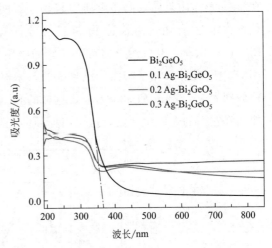

图 2-9　Bi_2GeO_5 和 $Ag-Bi_2GeO_5$ 的吸收光谱

能。可以明显看到，$0.1Ag-Bi_2GeO_5$、$0.2Ag-Bi_2GeO_5$ 和 $0.3Ag-Bi_2GeO_5$ 在紫外光区的光吸收与纯 Bi_2GeO_5 相比，有一定减弱，这可能是由于 Ag 修饰 Bi_2GeO_5 催化剂表面沉积的 Ag 单质在一定程度上遮蔽了 Bi_2GeO_5 对紫外光的吸收。

Bi_2GeO_5 催化剂的吸收边在 370nm 处，通过公式 $E_g = 1240/\lambda$（E_g 和 λ 分别为带隙能和吸收带边波长）计算，可得其禁带宽度为 3.35eV。

为了进一步揭示 $Ag-Bi_2GeO_5$ 催化剂在光催化反应过程中的载流子传递。利用以下公式对 Bi_2GeO_5 的价带和导带电位进行了计算。

$$E_{CB} = X - E_e - 0.5E_g$$
$$E_{VB} = E_{CB} + E_g$$

式中，X 为半导体的绝对电负性；E_e 为自由电子相对于标准氢电极的电势，4.5eV；E_g 是半导体的禁带宽度；E_{CB} 和 E_{VB} 分别为半导体的导带和价带电势。计算结果见表 2-1。

表 2-1　Bi_2GeO_5 的电负性、带隙能、价带电势和导带电势

	X	E_g/eV	E_{CB}/V	E_{VB}/V
Bi_2GeO_5	6.29	3.35	0.12	3.47

2.2.2.5　比表面积和孔径分析

用 N_2 吸附-解吸等温线研究了合成样品的比表面积和孔结构，并用 Barrett-Joyner-Halenda（BJH）方法计算了相应的孔径分布，如图 2-10 所示。两种产物的等温线具有代表性的朗缪尔Ⅳ型等温线，具有明显的滞后环，表明产物微花结构由纳米片聚集而形成大孔。这一结果与 SEM 中自组装纳米片聚集诱导形成分层结构的结果一致。纯 Bi_2GeO_5 和 Ag 修饰 Bi_2GeO_5 微花的表面积分别为 $2.27m^2 \cdot g^{-1}$ 和 $17.46m^2 \cdot g^{-1}$。对于 Ag 修饰 Bi_2GeO_5 微花，较大的比表面积可以提供更多的活性位点，加速载流子的迁移，这对提高光催化性能具有重要意义。此外，Ag 修饰 Bi_2GeO_5 样品的表观磁滞回线

在 $p/p_0 \approx 1$ 附近向较高相对压力移动，表明孔径较大。这种自组装的多孔结构在光催化剂中非常有用，为反应物和产物分子提供有效途径。因此可以预见，Ag 修饰 Bi_2GeO_5 微花对有机污染物具有良好的吸附性能和光降解性能。图 2-10 说明了样品的相应 BJH 孔隙尺寸分布图。结果表明，未修饰 Bi_2GeO_5 和 Ag 修饰 Bi_2GeO_5 样品的孔径分别为 79.56nm 和 53.82nm。这样的孔结构有利于反应物的吸附和产物的传输，并能增强它们的光催化性能，这可由样品的光降解性能测量结果证实。

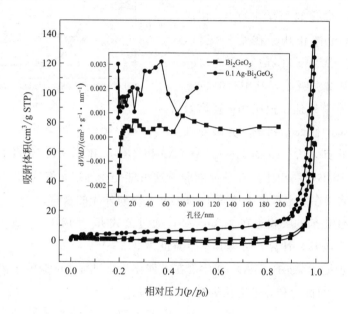

图 2-10　样品的氮吸附-解吸等温线和孔径分布曲线

2.3　银基半导体光催化剂催化性能研究

2.3.1　常用的银基半导体光催化剂催化性能研究方法

2.3.1.1　实验反应装置

实验所使用的反应装置为上海乔跃电子有限公司生产的 JOYN-GHX-DC 型光化学反应仪，其示意图如图 2-11 所示。

2.3.1.2　光催化降解性能研究

催化剂的光催化性能通过降解有机染料罗丹明 B（RhB）溶液和梯恩梯 TNT 废水来评价。

（1）模拟染料废水 RhB 浓度的测定

分别配置浓度为 $0.625mg \cdot L^{-1}$、$1.25mg \cdot L^{-1}$、$2.5mg \cdot L^{-1}$、$5mg \cdot L^{-1}$、$10mg \cdot L^{-1}$ 的 RhB

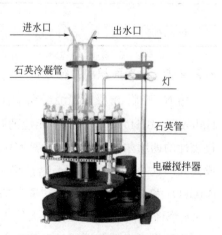

图 2-11　光化学反应仪装置示意图

标准溶液，采用 PwekinElmer 公司生产的 LAMBDA35 紫外-可见分光光度计全波段扫描确定 RhB 的特征吸收波长，如图 2-12 所示，RhB 的特征吸收波长为 553nm。然后五组样品在特征吸收波长 553nm 处的吸光度被测取。然后通过 RhB 浓度为横坐标，吸光度为纵坐标绘制罗丹明 B 的标准曲线。

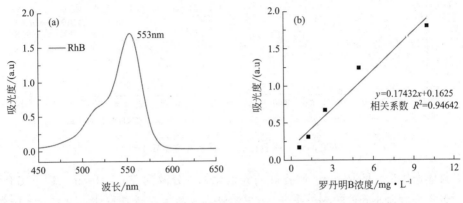

图 2-12 RhB 的特征吸收波长（a）和标准曲线（b）测定

线性拟合得出 RhB 的标准曲线：$y = 0.17432x + 0.1625$，相关系数 $R^2 = 0.94642$。

（2）模拟 TNT 炸药废水浓度的测定

根据国家环境保护标准 HJ 599-2011，TNT 浓度采用 N-氯代十六烷基吡啶-亚硫酸钠分光光度法测定。

① 反应原理

梯恩梯与亚硫酸钠发生加成反应，经 N-氯代十六烷基增敏作用，生成红色络合物，在波长 466nm 处测量吸光度。在一定浓度范围内，梯恩梯浓度与吸光度值符合朗伯-比尔定律。

② 模拟 TNT 炸药废水的配制

实验中所用模拟 TNT 炸药废水是以其工业纯品与蒸馏水配制而成。20℃时，TNT 在水中的溶解度是 130mg·L^{-1}，本文中所配制的待降解废水浓度为 80mg·L^{-1}。

③ 样品吸光度的测定

向装有 3mL 预处理样品的 50mL 比色管中沿壁加入无水乙醇 2mL，摇匀，加 3mL 亚硫酸钠溶液（100g·L^{-1}）混匀。加 5mL N-氯代十六烷基吡啶溶液（2.5g·L^{-1}），摇匀显色 15min。用 30mm 比色皿，于 466nm 波长处，以水作参比，测定吸光度。

④ TNT 标准曲线的绘制

分别移取 1mL、3mL、5mL、7mL、10mL 浓度为 80mg·L^{-1} 的 TNT 溶液置于 50mL 比色管中，加水稀释至 25mL。然后按步骤③进行操作，记录吸光度。以吸光度为纵坐标，对应的梯恩梯含量为横坐标，绘制标准曲线（见图 2-13）。

线性拟合得出 TNT 的标准曲线为：$y = 0.01948x + 0.02625$，相关系数 $R^2 = 0.99908$。

（3）光催化降解实验

本书中所有的光催化降解实验都在光化学反应仪中进行操作，光源是 1000W 汞灯或

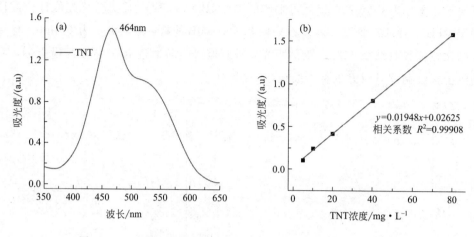

图 2-13　TNT 的最大吸收波长（a）和标准工作曲线（b）测定

氙灯。具体操作是：称取 50mg 制备好的光催化剂，分散到 50mL 10mg·L^{-1} RhB 溶液中，或者是分散到 50mL 80mg·L^{-1} TNT 溶液中，放入光化学反应仪之后，关闭箱门，避光搅拌 30min，催化剂得以均匀分散。然后打开光源，每隔一定时间取样 4mL，取出的样品离心后取上清液。反应过程中，反应悬浊液的温度通过循环水控制在 10℃ 左右。

罗丹明 B 溶液浓度的变化：用紫外/可见分光光度计根据它在特征吸收波长 λ＝553nm 处吸光度的变化来计算。

TNT 溶液浓度变化：用新制的亚硫酸钠和 N-氯代十六烷基吡啶（CPC）溶液显色，通过溶液在 466nm 处的特征吸收峰处吸光度变化来确定 TNT 溶液浓度的变化情况。

使用朗伯-比尔定律衡算光催化降解 RhB 和 TNT 废水的降解率，通过动力学方程表征其光催化降解动力学，从而来判断所制光催化剂的光催化降解性能。

$$c_t/c_0 = A_t/A_0$$
$$A_t + Kt = -\ln(c_t/c_0)$$

式中，A_0 和 A_t 分别表示初始和光照 t 时间后溶液的吸光度；c_0 和 c_t 表示对应的溶液初始浓度和 t 时间后的溶液浓度。

（4）光催化稳定性性能测试

通过循化使用催化剂次数，计算催化剂的降解性能的变化，以考察其循环稳定性。

2.3.2　Ag 修饰 Bi$_2$GeO$_5$ 光催化剂的性能研究

2.3.2.1　Ag 修饰 Bi$_2$GeO$_5$ 光催化降解 TNT 废水实验

图 2-14(a) 为 0.1Ag-Bi$_2$GeO$_5$ 光催化剂降解 TNT 过程中的紫外-可见全波长扫描图谱。图 2-14（b）是在紫外光照射下无催化剂、纯 Bi$_2$GeO$_5$、0.1Ag-Bi$_2$GeO$_5$、0.2Ag-Bi$_2$GeO$_5$ 和 0.3Ag-Bi$_2$GeO$_5$ 光催化降解 TNT 废水的实验测试结果。TNT 分子经过新制的亚硫酸钠和 N-氯代十六烷基吡啶（CPC）溶液显色后的吸收峰在 466nm 处附近。随着反应时间的推进，466nm 处峰强度越来越低，这说明在光催化

剂作用下，TNT 逐渐被降解，溶液中 TNT 含量越来越少，TNT、Na_2SO_3、CPC 形成的三元络合物发色基团含量越来越低。在光照 25min 之后，由刚开始的鲜红色完全脱色，466nm 处峰强几乎为零，说明 TNT 已经被降解完成。几种光催化剂都展示出良好的比较接近的光催化降解 TNT 效果，其中 $0.1Ag\text{-}Bi_2GeO_5$ 光催化剂的催化效果最好，在 25min 内光催化降解率达到 94%，TNT 几乎被完全降解。单纯的紫外光照射同样能够降解 TNT，但其降解速率及效率远不如 $Ag\text{-}Bi_2GeO_5/UV$ 体系。该实验结果表明，$Ag\text{-}Bi_2GeO_5/UV$ 体系能明显加速 TNT 在紫外光下的降解，同时，Ag 掺杂能够有效提升 Bi_2GeO_5 光催化剂光催化降解 TNT 的性能。

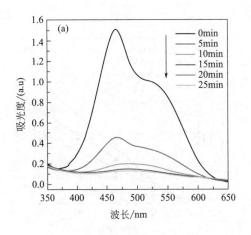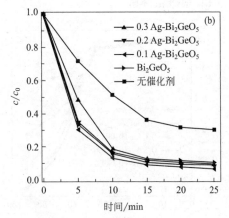

图 2-14　$Ag\text{-}Bi_2GeO_5$ 光催化剂降解 TNT 溶液

2.3.2.2　Ag 修饰 Bi_2GeO_5 光催化降解模拟染料实验

为了证实 Ag 修饰 Bi_2GeO_5 材料的光催化活性，以有机污染物罗丹明 B（RhB）为降解目标，采用不同原子数分数 R_N 值（$R_N=0$、0.1、0.2、0.3）的合成纳米材料对 RhB 在紫外光照射下进行脱色，结果如图 2-15（a）所示。光降解过程包括两个部分：污染物在光催化剂表面的吸附过程和污染物在紫外光照射下的光降解过程。在没有光催化剂的情况下，紫外光下的空白实验表明只有少量的 RhB 被降解，说明光降解可以忽略不计。以未修饰 Bi_2GeO_5 和 Ag 修饰 Bi_2GeO_5 微花为催化剂能够极大地促进 RhB 的脱色，说明光催化剂对 RhB 的脱色起重要作用。然而，随着修饰的银用量的增加，RhB 的脱色率并没有一直提高，而是先增高后降低。特别地，当 R_N 为 0.1 时，25min 后 RhB 几乎 100% 降解完，而纯 Bi_2GeO_5 作为光催化剂仅能去除 65% 的 RhB。这表明 Ag 修饰在光催化过程中起着重要作用。

图 2-15（b）为在紫外光照射下复合材料中 RhB 溶液的 $-\ln(c/c_0)$ 与光照时间的关系曲线。复合材料中的 RhB 的脱色降解符合伪一级动力学模型。表 2-2 为这些复合材料的光降解速率常数和 $-\ln(c/c_0)=kt$ 的线性回归系数。方程 $-\ln(c/c_0)=kt$ 中，t 代表反应的时间，c_0 是 RhB 在水溶液中的初始浓度，c 是 RhB 在水溶液中 t 时刻的瞬时浓度，k 是降解速率常数，它的数值等于 $\ln(c/c_0)$ 对时间作图时直线的斜率。k 值越

高，催化剂的光降解效果越好。R_N 为 0.1 的 0.1Ag-Bi_2GeO_5 微花 RhB 的分解速率常数为 0.1535min^{-1}，高于无催化剂（0.0141min^{-1}）、纯 Bi_2GeO_5（0.0418min^{-1}）、0.2Ag-Bi_2GeO_5（0.1117min^{-1}）和 0.3Ag-Bi_2GeO_5（0.0823min^{-1}）。因此，Ag 修饰 Bi_2GeO_5 复合材料具有良好的光催化活性，其中 0.1Ag-Bi_2GeO_5 是最有效的复合材料。结果表明，Ag 的修饰量应控制在合适的数量。过量的银会产生纳米银团簇，团簇会阻碍 Ag-Bi_2GeO_5 表面的活性位点，导致低降解率。最佳 Ag 用量修饰 Bi_2GeO_5 材料具有优良的光催化活性。另外，从图 2-15（a）和图 2-15（b）中可以看出，在没有催化剂的情况下，RhB 的降解过程完全由自身进行，效率很差，这进一步证明了没有外界的帮助，RhB 很难被降解。

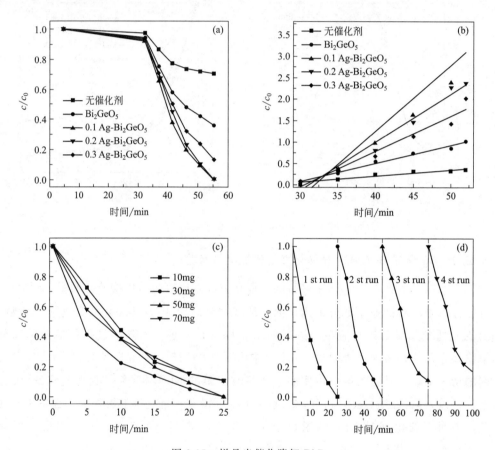

图 2-15　样品光催化降解 RhB

表 2-2　复合材料的降解速率常数和样品 $-\ln(c/c_0)=kt$ 的线性回归系数

	k/min^{-1}	回归方程	R^2
无催化剂	0.0141	$-\ln(c/c_0)=0.0141x-0.3562$	$R^2=0.9255$
Bi_2GeO_5	0.0418	$-\ln(c/c_0)=0.0418x-1.1711$	$R^2=0.9894$
0.1 Ag-Bi_2GeO_5	0.1535	$-\ln(c/c_0)=0.1535x-4.8849$	$R^2=0.8869$
0.2 Ag-Bi_2GeO_5	0.1117	$-\ln(c/c_0)=0.1117x-3.4679$	$R^2=0.975$
0.3 Ag-Bi_2GeO_5	0.0823	$-\ln(c/c_0)=0.0823x-2.5081$	$R^2=0.9572$

图 2-15(c) 为不同剂量的 $0.1Ag\text{-}Bi_2GeO_5$ 微花在紫外光下对 RhB 的光催化降解行为。光照 25min 后，添加 $0.1Ag\text{-}Bi_2GeO_5$ 微花 $0.01\sim0.03g$ 时，RhB 降解率显著提高，添加量为 $0.03g$ 和 $0.05g$ 时，RhB 分解率接近 100%，降解速度较快。然而，当 $0.1\,Ag\text{-}Bi_2GeO_5$ 微花的量从 $0.05g$ 增加到 $0.07g$ 时，RhB 的降解速率轻微降解。这一发现表明，应该避免复合材料的过量使用，以防止降低透光率导致减少活性物种的产生。

此外，$0.1Ag\text{-}Bi_2GeO_5$ 微花在前四个重复循环中的稳定性性能测试如图 2-15(d) 所示。第一次的降解性能接近 100%，到了第四次还能稳定在 85%。样品的光催化活性没有明显下降，这表明 Ag 修饰材料降解水溶液中的有机物是稳定和有效的。

2.4　银基半导体光催化剂光催化机理研究

2.4.1　常用的银基半导体光催化剂催化机理研究方法

2.4.1.1　自由基捕获实验

由于自由基本身非常活泼，很容易得到或者失去电子，因此研究者很难直接分离或检测自由基。为了捕获自由基，研究者采取了"先稳定后检测"的策略：即加入某种特定的试剂（自由基捕获剂），可以与自由基快速形成更加稳定的物种，以便研究者开展后续检测和分离。主要研究思路如下：在反应中加入自由基捕获试剂［异丙醇（IPA）作为羟基自由基（·OH）捕获剂，三乙醇胺（TEOA）作为空穴（h^+）捕获剂，对苯醌（BQ）作为超氧自由基（$O_2^{\cdot-}$）捕获剂］，通过观察主反应是否被抑制（即观察目标污染物在添加捕获剂前后降解效率的变化情况），分析其催化降解过程中的活性因子。

2.4.1.2　电子自旋共振

电子自旋共振（ESR）也称电子顺磁共振，是研究化合物或矿物中不成对电子状态的重要工具，用于定性和定量检测物质原子或分子中所含的不配对电子，并探索其周围环境的结构特性。其基本原理为电子是具有一定质量和带负电荷的基本粒子，它能进行两种运动：一是在围绕原子核的轨道上运动，二是通过本身中心轴所做的自旋。由于电子运动产生力矩，在运动中产生电流和磁矩，在外加磁场中，简并的电子自旋能级将产生分裂。若在垂直外磁场方向加上合适频率的电磁波，能使处于低自旋能级的电子吸收电磁波能量而跃迁到高能级，从而产生电子的顺磁共振吸收现象。电子顺磁共振谱仪由辐射源、谐振腔、样品座、信号接收、放大和记录器等部分组成。化合物的 ESR 谱可以提供材料中具有顺磁中心的杂质的晶格位置、价态、局域对称、浓度及晶体场参数等信息，从而研究基态电子结构和化学键性质，解释材料的某些物理性质。

2.4.2　Ag 修饰 Bi_2GeO_5 光催化剂光催化机理研究

2.4.2.1　自由基捕获实验

为了进一步研究 $0.1Ag\text{-}Bi_2GeO_5$ 微花材料光催化性能的机理，通过添加不同的

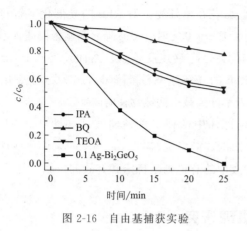

图 2-16 自由基捕获实验

活性捕获剂考察光催化过程中主要的氧化物种。异丙基醇（IPA）、对苯醌（BQ）和三乙醇胺（TEOA）分别为·OH、$O_2^{\cdot-}$ 和 h^+ 的捕获剂。加入 $1mmol \cdot L^{-1}$ BQ 后，紫外光照射 25min，RhB 的分解几乎完全被抑制，而 IPA 和 TEOA 则部分降低（见图 2-16）。由此推测，Ag 修饰 Bi_2GeO_5 在 RhB 光催化降解中的主要活性物种是超氧自由基（$O_2^{\cdot-}$），·OH 和 h^+ 也部分参与了光催化降解过程。

2.4.2.2 ESR 光谱

通过测量 0.1 Ag-Bi_2GeO_5 的电子自旋共振（ESR）信号来检测·OH 和 $O_2^{\cdot-}$ 的生成能力。·OH 反应活性很高，寿命仅为 $1\sim9s$ 左右，使用 ESR 也很难直接原位测定·OH。DMPO 与·OH 快速反应合成了稳定的加合物自由基 HO-DMPO。在 ESR 实验中测量的 g 因子的值为 $g=2.0064$。ESR 光谱如图 2-17(a) 和图 2-17(b) 所示，在黑暗条件下未发现·OH 和 $O_2^{\cdot-}$ 信号。

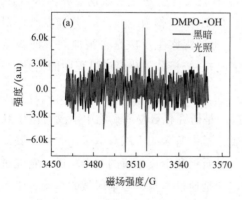
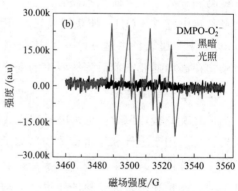

图 2-17 紫外光下 0.1 Ag-Bi_2GeO_5 的 ESR 光谱

在紫外光照射下，DMPO—·OH 加合物信号出现在 ESR 谱图 2-17(a) 中 1:2:2:1 的四个峰，表明·OH 存在于 0.1 Ag-Bi_2GeO_5 反应体系中。在图 2-17(b) 中，加合物 DMPO-$O_2^{\cdot-}$ 的六峰特征信号在 Ag-Bi_2GeO_5 的甲醇分散体照射后出现，这表明 $O_2^{\cdot-}$ 确实存在于反应体系中。这与 Ag 修饰的 Bi_2GeO_5 在 RhB 光降解中的主要活性物质是活性物质 $O_2^{\cdot-}$ 是一致的。

紫外光照射激活 Ag 修饰的 Bi_2GeO_5 引起电子跃迁，在价带边缘强烈形成 Bi 氧化空穴（h^+），在导带边缘形成还原电子（e^-）。在紫外光照射下，光生电子跃迁到 Bi_2GeO_5 的导带。由于 Bi_2GeO_5 在金属-半导体界面处的高肖特基势垒，光生电子从导带转移并沉积在 Bi_2GeO_5 表面。因此，Ag 纳米粒子中积累的电子可以捕获溶解的 O_2，

促进 $O_2^{\cdot-}$ 的形成。此外，使用催化剂表面形成的 $O_2^{\cdot-}$ 可以通过氧化反应降解有机污染物。同时，Bi_2GeO_5 VB 上的部分空穴可与 OH^- 或 H_2O 反应形成羟基自由基（·OH），具有很强的氧化能力，也可以氧化有机污染物分子。Ag^+ 可以使 Bi_2GeO_5 的价带和导带之间的电子跃迁更容易，从而提高材料对有机污染物的降解速率。由于表面等离子共振效应，Bi_2GeO_5 表面上存在的 Ag 纳米晶体增强了吸收区域。独特的、具有层次感纳米结构在 Ag 和 Bi_2GeO_5 物种之间提供了大的表面积和众多的界面，为有机污染物的光催化降解提供了许多活性位点。当 Ag^+ 的含量大于最佳值时，Ag 3d 可以作为复合中心，这是由带负电的导电带和带正电的 Ag 3d 之间的静电引力引起的。此外，过量的银会减少光催化剂为滤光效果而吸收的光子量，从而降低光催化过程的表观量子效率，并降低空穴与 Bi_2GeO_5 表面上吸收的反应物作用的概率。这是光催化活性随着催化剂 Ag 对 Ge 的原子数分数的增加而下降的主要原因。

2.4.2.3 光催化机理分析

根据 Ag 修饰 Bi_2GeO_5 微花的能带结构和自由基捕获实验结果，在图 2-18 中给出了 RhB 在 Ag 修饰 Bi_2GeO_5 微花上光催化降解的可能示意图。紫外光照射能激活 Ag 修饰 Bi_2GeO_5 产生电子跃迁，在价带边缘形成氧化空穴（h^+），在导电带边缘形成还原电子（e^-）。在紫外光照射下，由于 Bi_2GeO_5 在金属-半导体界面具有高肖特基势垒，跃迁到 Bi_2GeO_5 导带的光电子被转移并沉积在 Bi_2GeO_5 表面的银纳米粒子上。随后，在 Ag 纳米颗粒中积累的电子可以捕获溶解的 O_2 并诱导其形成 $O_2^{\cdot-}$。通过在催化剂表面形成的 $O_2^{\cdot-}$ 的氧化反应，可以进一步降解有机污染物。同时，Bi_2GeO_5 在 VB 上的部分空穴会与一些 OH^- 或 H_2O 反应生成羟基（·OH），该羟基具有强烈的氧化能力来氧化有机污染物分子。这与上述自由基捕获实验结果相一致，在 Ag 修饰 Bi_2GeO_5 光催化降解 RhB 的体系中主要的活性物种是超氧自由基（$O_2^{\cdot-}$），·OH 和 h^+ 也部分参与了光催化降解过程。此外，Bi_2GeO_5 晶体中引入的 Ag^+ 通过添加表面缺陷和氧空位

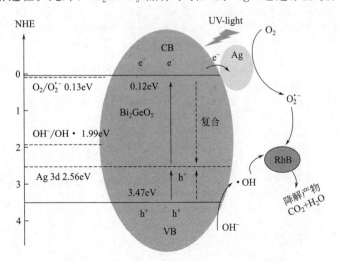

图 2-18　Ag-Bi_2GeO_5 的光催化降解机理示意图

产生杂质能级 Ag 3d，使 Bi_2GeO_5 价带和导带之间的电子跃迁更加容易，从而提高了有机污染物的降解速率。Bi_2GeO_5 表面存在银纳米晶，由于表面等离子体共振效应，使光吸收区域增强。独特的分级纳米结构提供了 Ag 和 Bi_2GeO_5 物种之间的大表面积和众多界面。大表面积和众多的界面接近外部环境被认为是能够为光催化降解有机污染物分子提供大量的活性位点。然而，杂质能级 Ag 3d 也可以是空穴和电子的复合中心。因此，当 Ag^+ 的含量大于最佳值时，杂质能级 Ag 3d 可起到复合中心的作用，这是由带负电的导带和带正电的 Ag 3d 之间的静电吸引引起的。同时，由于光栅效应，过量的银降低了光催化剂吸收的光子量，从而降低了光催化过程的表观量子效率，并且降低了与吸收的反应物在 Bi_2GeO_5 表面上作用的空穴概率。它是随着 R_N 值的升高，光催化活性下降的主要原因。

第3章

卤化银光还原法银基半导体光催化剂的
制备及其光催化性能研究

3.1 Ag@AgCl/ZnCo$_2$O$_4$ 光催化剂

尖晶石型 ZnCo$_2$O$_4$ 光催化剂是 p 型半导体，禁带宽度为 2.67eV。八面体尖晶石 Co$_3$O$_4$ 晶格中一个 Co^{2+} 的位置被 Zn^{2+} 占据，从而形成 ZnCo$_2$O$_4$（见图 3-1），其中，锌离子（Zn^{2+}）在配位场中的离子半径[r（Zn^{2+}）＝0.060nm]与钴离子（Co^{2+}）的离子

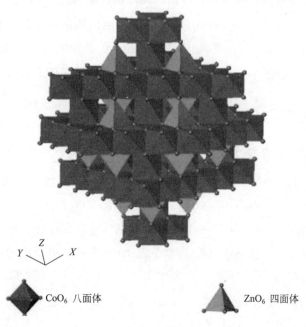

CoO$_6$ 八面体　　　　　ZnO$_6$ 四面体

图 3-1　尖晶石型 ZnCo$_2$O$_4$ 晶体结构

半径$[r(Co^{2+})=0.058nm]$几乎相等，存在着 Zn^{2+}/Co^{2+} 的转化，这样就可能存在光催化活性。然而由于较差的光激发电子-空穴对的分离效果和弱的可见光吸收，$ZnCo_2O_4$ 的量子产率较低，使得它的光催化效果较低，限制了其实际应用。

AgCl 是重要的感光材料，为 NaCl 型晶体，如图 3-2 所示，每个 Ag^+ 周围有六个氯离子，每个氯离子周围有六个 Ag^+。AgCl 在光照下，部分 Ag^+ 被还原成为 Ag^0，形成 Ag@AgCl 等离子体，可以有效提高光生电子和空穴的分离效率，从而使半导体材料具有更强的可见光吸收。

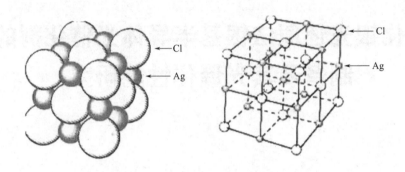

图 3-2　AgCl 晶体结构模型

在本研究中，我们通过两步溶剂热法制备出 Ag@AgCl/ZnCo$_2$O$_4$ 复合物。通过异位复合引入 AgCl 颗粒于 ZnCo$_2$O$_4$ 体系中，且有部分 Ag^+ 在光致还原中被还原为 Ag 单质。Ag@AgCl/ZnCo$_2$O$_4$ 复合物表现出较高的可见光吸收归因于金属 Ag 的表面等离子体效应，各组分间增强的界面相互作用，提高的电荷分离和转移。相较于 Ag@AgCl 和 ZnCo$_2$O$_4$ 材料，Ag@AgCl/ZnCo$_2$O$_4$ 复合物表现出最高的光催化活性。同时，评估了 ZnCo$_2$O$_4$ 的不同含量对 Ag@AgCl/ZnCo$_2$O$_4$ 复合物光催化性能的影响。当加入 0.2g ZnCo$_2$O$_4$ 时，Ag@AgCl/ZnCo$_2$O$_4$ 复合物表现出最高的光催化活性。

3.1.1　Ag@AgCl/ZnCo$_2$O$_4$ 光催化剂的制备

3.1.1.1　ZnCo$_2$O$_4$ 的合成

用微波辅助法合成 ZnCo$_2$O$_4$ 微粒，具体制备过程如下：将 7.5mmol 的 Zn(NO$_3$)$_2$·6H$_2$O、15mmol 的 Co(NO$_3$)$_3$·6H$_2$O、60mmol 的 CO(NH$_2$)$_2$、12mmol NH$_4$F，依次加入到 100mL 的去离子水中，磁力搅拌 30min，超声 30min，使药品完全溶解，形成淡粉色溶液。然后将混合溶液转移至 300mL 的聚四氟乙烯反应罐中，组装好反应仪器，连接到微波反应仪上，设置升温速率为 8℃·min^{-1}，在 130℃ 条件下微波反应30min。反应结束后，待反应釜冷却至室温，离心收集淡粉色前驱物，用去离子水在室温下多次清洗，在烘箱中 80℃ 干燥 10h，最后以 1℃·min^{-1} 的升温速率，在管式马弗炉中 350℃ 煅烧 2h 得到产物，收集备用。

3.1.1.2 Ag@AgCl/ZnCo$_2$O$_4$ 的合成

0.17g AgNO$_3$ 溶解于 30mL 去离子水和 40mL 无水乙醇混合形成的溶剂中，加入一定质量（分别为 0.1g，0.2g，0.3g）的 ZnCo$_2$O$_4$ 以及 0.111g 聚乙烯吡咯烷酮 (PVP)，搅拌 30min。装入反应釜密闭，130℃保持 3h。冷却后加入 20mL 含有 0.02925g NaCl 溶液，然后用浓盐酸（30%）调节其酸碱度。避光磁力搅拌一整晚，然后用 1000W 氙灯照射 30min。离心分离，用去离子水和无水乙醇洗涤多次，置于烘箱中 80℃干燥 6h 得到 ZnCo$_2$O$_4$ 含量不同的三种 Ag@AgCl/ZnCo$_2$O$_4$ 催化剂，分别标记为：0.1Ag@AgCl/ZnCo$_2$O$_4$、0.2Ag@AgCl/ZnCo$_2$O$_4$、0.3Ag@AgCl/ZnCo$_2$O$_4$。

此外，Ag@AgCl 催化剂在未加入 ZnCo$_2$O$_4$ 的条件下按上述方法制备。

3.1.2 Ag@AgCl/ZnCo$_2$O$_4$ 光催化剂的表征

利用 XRD、SEM、TEM、XPS、N$_2$ 吸附-脱附和 UV-Vis-DRS 分析对所制备的 Ag@AgCl/ZnCo$_2$O$_4$ 复合光催化剂的晶体结构、化学结构、形貌和光学性能进行表征。

3.1.2.1 XRD 分析

ZnCo$_2$O$_4$、Ag@AgCl/ZnCo$_2$O$_4$ 催化剂的 XRD 谱图如图 3-3 所示。可在 18.96°、31.215°、36.805°、44.738°、59.282° 和 65.149° 处观察到明显衍射峰，分别对应于 ZnCo$_2$O$_4$（JCPDS No.23-1390）的（111）、（220）、（311）、（400）、（511）、（440）晶面，表明用微波辅助法合成了 ZnCo$_2$O$_4$ 微粒。负载 Ag@AgCl 后 Ag@AgCl/ZnCo$_2$O$_4$ 在 27.8°、32.2°、46.2°、54.8°、57.5° 和 67.5° 处的特征衍射峰分别对应于 AgCl（JCPDS 卡片：85-1355）的（111）、（200）、（220）、（311）、（222）、（400）晶面。此外，结合 Ag（JCPDS No.87-0719），从 Ag@AgCl/ZnCo$_2$O$_4$ 的 XRD 图谱可以看到，在 38.2° 位置出现属于 Ag 纳米颗粒的特征衍射峰，表明催化剂中有 Ag 存在。这是由于在

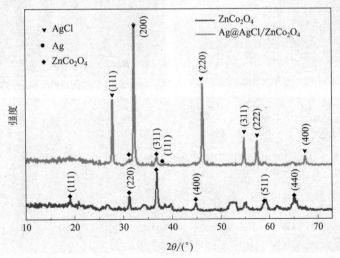

图 3-3 样品的 XRD 谱图

光致还原中部分 Ag^+ 还原为 Ag 单质颗粒，从而使得 $Ag@AgCl/ZnCo_2O_4$ 在可见光条件下光催化性能显著提高。

3.1.2.2 形貌结构分析

图 3-4 是 $ZnCo_2O_4$、$Ag@AgCl/ZnCo_2O_4$ 催化剂的 SEM、TEM 和 SAED 图。图 3-4(a) 是采用微波辅助法成功合成的球状 $ZnCo_2O_4$ 微纳米结构，直径范围为 $5\sim8\mu m$。图 3-4(b) 是由层状结构堆积而成的单个 $ZnCo_2O_4$ 微球结构。图 3-4(c) 是负载 Ag 后 $Ag@AgCl/ZnCo_2O_4$ 的 SEM 图，可以看出具有立方体的 $Ag@AgCl$ 纳米颗粒沉积在球状 $ZnCo_2O_4$ 的表面上。图 3-4(d) 为 $Ag@AgCl/ZnCo_2O_4$ 的 TEM 图，从图中可以看出 $10\sim50nm$ 的纳米 Ag 粒子均匀地附着在 $ZnCo_2O_4$ 表面，且有 $50\sim100nm$ 的

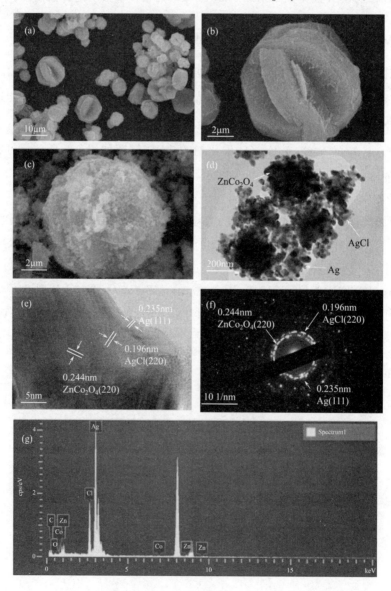

图 3-4　样品的 SEM、TEM、HRTEM、SAED 和 EDX

AgCl 颗粒分散在 ZnCo$_2$O$_4$ 表面。图 3-4（e）为 Ag@AgCl/ZnCo$_2$O$_4$ 的 HRTEM，有 Ag 和 AgCl 颗粒负载在 ZnCo$_2$O$_4$ 上，且 Ag、AgCl 和 ZnCo$_2$O$_4$ 的晶格间距 d 分别为 0.235nm、0.196nm、0.244nm，分别对应晶面 Ag（111）、AgCl（220）和 ZnCo$_2$O$_4$（220）。图 3-4（f）为 Ag@AgCl/ZnCo$_2$O$_4$ 的 SAED，从图中可以看出 Ag@AgCl/ZnCo$_2$O$_4$ 的衍射环，说明其是多晶。另外，图 3-4（f）中可以清晰看到三个晶面的晶格间距分别为 0.244nm、0.235nm 和 0.196nm，与高分辨透射电镜的结果吻合较好。图 3-4（g）为 Ag@AgCl/ZnCo$_2$O$_4$ 的 EDX 图，可以看出样品由 O、Co、Zn、Cl、Ag 五种元素组成，并未检测出其他元素。

3.1.2.3 XPS 分析

产物 X 射线光电子能谱分析（XPS）结果如图 3-5 所示，图 3-5（a）为产物的全谱扫描图，产物中含有 Zn、Co、O、Ag、Cl 和 C 六种元素，其中 C 为基底。图 3-5（b）为 Zn 2p 的发射光谱图，在 1045eV 和 1022eV 处出现了两个主要峰，对应为 Zn 2p$_{1/2}$ 和 Zn 2p$_{3/2}$ 的区域谱峰，从图中可以看出 1022eV 附近的 Zn 2p$_{3/2}$ 峰为单峰，是典型的 Zn^{2+} 氧化态。图 3-5（c）为 Co 的 XPS 谱峰，781.4eV 及 796.9eV 对应为 Co 2p$_{1/2}$ 和 Co 2p$_{3/2}$ 的区域谱峰，785.2eV 观察到明显的震激卫星峰，是 Co^{3+} 氧化态的特征峰。

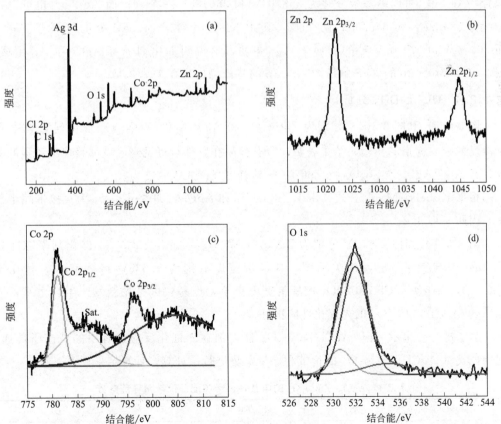

图 3-5

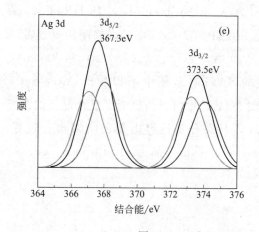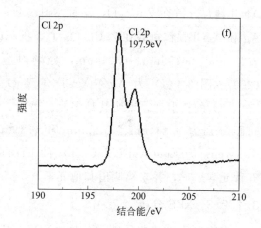

图 3-5　Ag@AgCl/ZnCo$_2$O$_4$ 催化剂的 XPS 谱图

(a) 全谱图，(b) Zn 2p，(c) Co 2p，(d) O 1s，(e) Ag 3d，(f) Cl 2p

图 3-5(d) 为 O 1s 的 XPS 图谱，其峰可以分化为 530.5eV 和 535.01eV 的特征峰，对应于 ZnCo$_2$O$_4$ 晶格氧和吸附于复合物表面的 H$_2$O 或·OH。图 3-5(e) 为 Ag 3d 的 XPS 谱，在 367.3eV 和 373.5eV 处分别对应 Ag 3d$_{5/2}$ 和 Ag 3d$_{3/2}$。对 Ag 3d 进行分峰拟合，Ag 3d$_{5/2}$ 可以进一步分解为 368.0eV 和 366.8eV 两个峰；而 Ag 3d$_{3/2}$ 也可以被分解为 374.0eV 和 372.6eV 两个峰，其中 368.0eV 和 374.0eV 处的峰属于 Ag$^+$，而 366.8eV 和 372.6eV 处的峰属于 Ag^0 单质，这说明催化剂中有 AgCl 和 Ag 生成。图 3-5(f) 为 Cl 2p 的 XPS 解析图，Cl 2p 的特征峰出现在 197.9eV。

3.1.2.4　UV-vis-DRS 分析

图 3-6(a) 和图 3-6(c) 分别为 ZnCo$_2$O$_4$ 和 Ag@AgCl/ZnCo$_2$O$_4$ 催化剂的紫外-可见漫反射吸收光谱的比较，结果表明，所有样品在紫外至可见光区域都表现出较强的吸收，且 Ag@AgCl/ZnCo$_2$O$_4$ 比 ZnCo$_2$O$_4$ 具有更强的光吸收能力。

根据 Kubelka-Munk 公式，由于 ZnCo$_2$O$_4$ 和 Ag@AgCl/ZnCo$_2$O$_4$ 为直接带隙半导体，因此 n 取 1/2。

图 3-6(b) 和图 3-6(d) 分别为 ZnCo$_2$O$_4$ 和 Ag@AgCl/ZnCo$_2$O$_4$ 催化剂带隙能量的 $(\alpha h\nu)^2$ 与能量 $(h\nu)$ 的关系图，其禁带宽度分别为 2.63eV 和 2.55eV，相比于 ZnCo$_2$O$_4$，Ag@AgCl/ZnCo$_2$O$_4$ 的禁带宽度更窄，更易被可见光激发产生自由基，因此 Ag@AgCl/ZnCo$_2$O$_4$ 的光催化性能更好。

为了进一步揭示 Ag@AgCl/ZnCo$_2$O$_4$ 催化剂在光催化反应过程中的载流子传递。利用公式对 AgCl、ZnCo$_2$O$_4$ 的价带和导带电势进行了计算。计算结果见表 3-1。

表 3-1　AgCl、ZnCo$_2$O$_4$ 的电负性、带隙能、价带和导带电势

物质	X	E_g/eV	E_{VB}/V	E_{VB}/V
AgCl	6.07	3.25	−0.055	3.195
ZnCo$_2$O$_4$	5.96	2.63	0.145	2.775

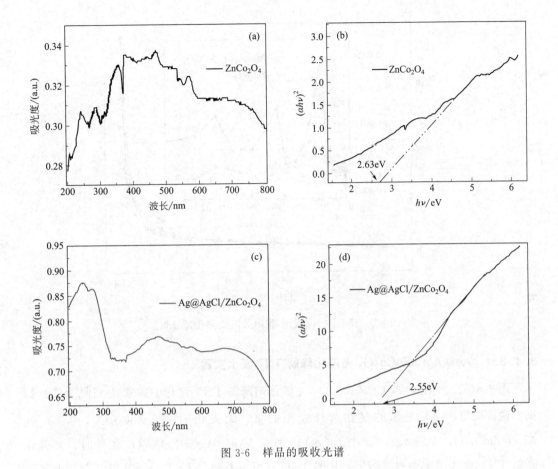

图 3-6 样品的吸收光谱

3.1.2.5 比表面积和孔径分析

通过 N$_2$ 吸附-脱附等温曲线的测定来获得 ZnCo$_2$O$_4$ 和 Ag@AgCl/ZnCo$_2$O$_4$ 样品的比表面积和孔径分布，结果如图 3-7 所示。两种样品的 N$_2$ 吸附-脱附等温曲线都呈现比较明显的回滞环，归属于Ⅳ型等温曲线，证明纳米片组成的微球结构具有介孔结构。介孔产生的主要原因是 ZnCo$_2$O$_4$ 微球形成过程中，纳米片之间自组装过程中产生了空隙，Ag@AgCl 负载过程中纳米颗粒的随机堆叠产生了空隙。测定样品比表面积分别为 9.977m^2·g^{-1} 和 11.67m^2·g^{-1}。结果表明，负载后 Ag@AgCl/ZnCo$_2$O$_4$ 的表面积增加。

此外，使用 Barrett-Joyner-Halender（BJH）模型来计算，样品孔径分布曲线如图 3-7插图所示。样品的孔径分布曲线表明，样品 ZnCo$_2$O$_4$ 的孔径分布主要在 15.96nm，而 Ag@AgCl/ZnCo$_2$O$_4$ 样品的孔径分布主要在 24.47nm。

3.1.3 Ag@AgCl/ZnCo$_2$O$_4$ 光催化剂的性能研究

Ag@AgCl/ZnCo$_2$O$_4$ 微球复合光催化剂的光催化活性，通过其在紫外光下降解 TNT 模拟炸药废水和可见光照射下催化降解罗丹明 B 模拟废水的效率进行评价。

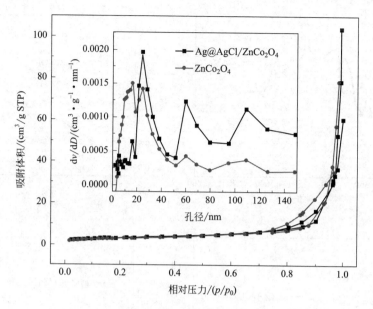

图 3-7 样品的 N_2 吸附-脱附等温线和孔径分布

3.1.3.1 Ag@AgCl/ZnCo₂O₄ 光催化降解 TNT 废水实验

图 3-8(a) 为 Ag@AgCl/ZnCo₂O₄ 光催化剂降解 TNT 过程中的紫外-可见全波长扫描图谱。图 3-8(b) 显示的是在紫外光照射下，无催化剂、纯 ZnCo₂O₄、0.1Ag@AgCl/ZnCo₂O₄、0.2Ag@AgCl/ZnCo₂O₄ 和 0.3Ag@AgCl/ZnCo₂O₄ 条件时，光催化降解 TNT 废水的实验测试结果。从图 3-8(a) 可以看出，TNT 分子经过新制的亚硫酸钠和 N-氯代十六烷基吡啶（CPC）溶液显色后的吸收峰在 466nm 处附近。随着反应的进行，TNT 逐渐被降解，溶液中 TNT 含量越来越少，TNT、Na₂SO₃、CPC 形成的三元络合物发色基团渐渐消失。在光照 50min 之后，466nm 处峰强几乎为零，说明 TNT 已经被降解完成。图 3-8(b) 为几种不同催化剂对 TNT 光催化降解性能。结果显示，

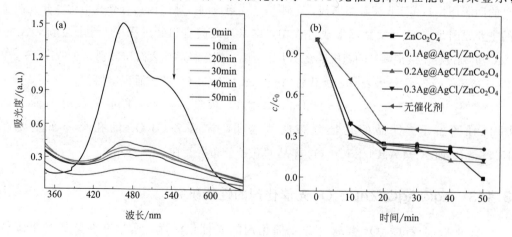

图 3-8 Ag@AgCl/ZnCo₂O₄ 光催化剂降解 TNT 废水

几种光催化剂都展示出良好的光催化降解 TNT 效果，其中 $0.2Ag@AgCl/ZnCo_2O_4$ 光催化剂在刚开始显示出最快的光降解速率，并且显示出优于其他比例 $Ag@AgCl/ZnCo_2O_4$ 光催化剂的光降解性能。但是随着降解过程的进行，纯 $ZnCo_2O_4$ 光催化剂的降解效率在 50min 后，最先达到 100%，TNT 几乎被完全降解。单纯的紫外光照射、不加催化剂，同样能够降解 TNT，但其降解速率及效率随着处理时间的延长远不如 $Ag@AgCl/ZnCo_2O_4/UV$ 体系。该实验结果表明，$Ag@AgCl/ZnCo_2O_4/UV$ 体系能明显加速 TNT 在紫外光下的降解速率。

3.1.3.2　$Ag@AgCl/ZnCo_2O_4$ 光催化降解模拟染料及稳定性分析

图 3-9(a) 为利用紫外-可见全波长扫描分析罗丹明 B 分子在 $0.2Ag@AgCl/ZnCo_2O_4$ 光催化降解过程。随着反应的进行，罗丹明 B 分子在 553nm 处附近的偶氮键产生的特征吸收峰，峰强度越来越低，在光照 120min 之后，完全脱色，峰强几乎为零，说明罗丹明 B 染料的偶氮结构已经完全被破坏。

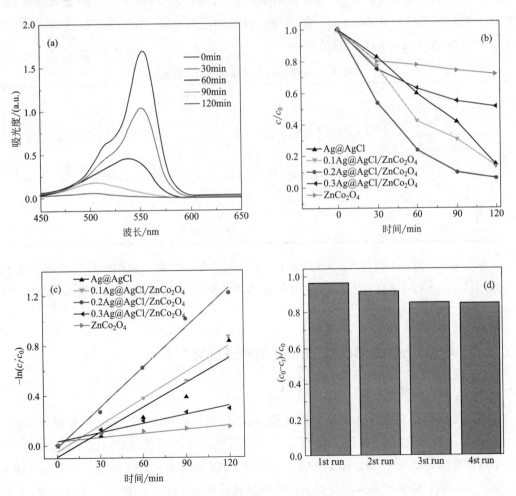

图 3-9　$Ag@AgCl/ZnCo_2O_4$ 光催化降解 RhB

图 3-9(b) 分析了不同催化剂 $ZnCo_2O_4$、$0.1Ag@AgCl/ZnCo_2O_4$、$0.2Ag@AgCl/ZnCo_2O_4$、$0.3Ag@AgCl/ZnCo_2O_4$、$Ag@AgCl$ 的光催化性能。结果显示，纯的 $ZnCo_2O_4$ 光催化效果最差，在 120min 内光催化降解率仅为 28%。$0.3Ag@AgCl/ZnCo_2O_4$ 在 120min 内的光催化降解为 48.8%。$0.1Ag@AgCl/ZnCo_2O_4$ 的光催化降解速率为 85.4%，与 $Ag@AgCl$ 在 120min 时光催化降解率（86.3%）相接近。$0.2Ag@AgCl/ZnCo_2O_4$ 催化剂在 120min 内光催化降解率达到 97%，罗丹明 B 几乎被完全降解，光催化效果最好。该实验结果表明，$ZnCo_2O_4$ 能够有效提升 $Ag@AgCl$ 光催化剂的光催化降解性能。

图 3-9(c) 表明上述光催化反应遵循伪一级反应动力学模型。如表 3-2 所示，对曲线进行线性拟合后计算各样品光催化降解反应的 k 值，得到 $ZnCo_2O_4$、$0.1Ag@AgCl/ZnCo_2O_4$、$0.2Ag@AgCl/ZnCo_2O_4$、$0.3Ag@AgCl/ZnCo_2O_4$、$Ag@AgCl$ 的反应速率常数分别为 $0.00107min^{-1}$、$0.0071min^{-1}$、$0.01063min^{-1}$、$0.00239min^{-1}$、$0.00657min^{-1}$。其中，$0.2Ag@AgCl/ZnCo_2O_4$ 反应速率常数最大，为 $0.01063min^{-1}$，约是 $Ag@AgCl$ 的 1.6 倍，约是最小值 $ZnCo_2O_4$ 的 10 倍。这说明采用 $Ag@AgCl$ 与 $ZnCo_2O_4$ 进行复合，能提高 $ZnCo_2O_4$ 的光催化活性。

表 3-2　光催化降解过程的动力学模拟

催化剂	k/min^{-1}	回归方程	R^2
$0.2Ag@AgCl/ZnCo_2O_4$	0.01063	$-\ln(c/c_0)=0.01063x-0.01337$	$R^2=0.9894$
$0.1Ag@AgCl/ZnCo_2O_4$	0.0071	$-\ln(c/c_0)=0.0071x-0.05228$	$R^2=0.95995$
$Ag@AgCl$	0.00657	$-\ln(c/c_0)=0.00657x-0.08943$	$R^2=0.8517$
$0.3Ag@AgCl/ZnCo_2O_4$	0.00239	$-\ln(c/c_0)=0.00239x+0.03181$	$R^2=0.9251$
$ZnCo_2O_4$	0.00107	$-\ln(c/c_0)=0.00107x+0.03186$	$R^2=0.7338$

图 3-9(d) 为 $0.2Ag@AgCl/ZnCo_2O_4$ 的稳定性测试结果，从图中可以看出 4 次循环使用后，$0.2Ag@AgCl/ZnCo_2O_4$ 的催化剂的降解率从初始的 99.4% 降至 85%，保持了比较好的催化稳定性。

3.1.4　Ag@AgCl/ZnCo$_2$O$_4$ 光催化剂机理研究

3.1.4.1　自由基捕获实验

通过加入捕获剂丙醇（IPA）、对苯醌（BQ）和三乙醇胺（TEOA）来探索 $Ag@AgCl/ZnCo_2O_4$ 活性因子。图 3-10 展示了不同活性因子的捕获对反应速率的影响。从图中可以看出，加入了 BQ 或 TEOA 后，RhB 的降解程度大幅度降低，而加入 1IPA 反应 30min 后，降解率基本不受影响。说明超氧负离子（$O_2^{\cdot-}$）和空穴（h^+）是 $Ag@AgCl/ZnCo_2O_4$ 降解 RhB 过程中的主要活性因子。

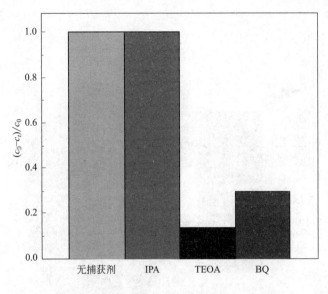

图 3-10　自由基捕获实验

3.1.4.2　光催化机理分析

　　根据自由基捕获实验和降解实验，降解 RhB 可能遵循 Z 型降解机理。如图 3-11 所示，在 Ag 纳米粒子和 $ZnCo_2O_4$ 微球吸收可见光光子能量后发生跃迁，产生光生电子-空穴对。Ag 纳米粒子上产生的光生电子转移到 AgCl 的导带上，与吸附在其 AgCl 表面上的溶解 O_2 结合产生 $O_2^{\cdot-}$，而 Ag 纳米颗粒受光激发产生的光生空穴则留在价带上。$ZnCo_2O_4$ 的禁带宽度为 2.63eV，$ZnCo_2O_4$ 的导带和价带能级分别为 0.145eV 和 2.775eV（vs. NHE）。$ZnCo_2O_4$ 价带上产生的光生空穴的能量 [2.775eV（vs. NHE）] 高于 $OH^-/\cdot OH$ 的反应势能 [$E(OH^-/\cdot OH)=1.99eV$（vs. NHE）]，能直接参与目标污染物的降解。而 $ZnCo_2O_4$ 导带上产生的光生电子在肖特基势垒的作用下与留在 Ag 纳米颗粒上的光生空穴复合。由于 AgCl 的带隙宽度为 3.25eV，AgCl 的导带和价带能级分别为 $-0.055eV$ 和 3.195eV（vs. NHE），在可见光下不能被激发，Ag 纳米粒子上的光生电子转移并注入到 AgCl 导带，参与目标污染物的降解，这主要是由于其光生电子的能量 $-0.055eV$（vs. NHE）更负于 $O_2/O_2^{\cdot-}$ 的反应势能 [$E(O_2/O_2^{\cdot-})=-0.046eV$（vs. NHE）]。另外，Ag 纳米粒子产生的光生空穴也可以转移并注入到 AgCl 的表面，和 AgCl 中的 Cl^- 相结合生成自由基 $Cl\cdot$，$Cl\cdot$ 具有强氧化性，能够对 RhB 进行有效降解，将污染物矿化为 CO_2、H_2O 等无机小分子物质，而 $Cl\cdot$ 被还原为 Cl^-，和 Ag^+ 结合成 AgCl，体系自稳定。在 $Ag@AgCl/ZnCo_2O_4$ 光催化降解过程中，主要活性因子为超氧负离子（$O_2^{\cdot-}$）和空穴（h^+），结果与自由基捕获实验相一致。

　　在光催化反应过程中，光生电子-空穴对的产生、迁移转化以及污染物的降解途径可表达如下：

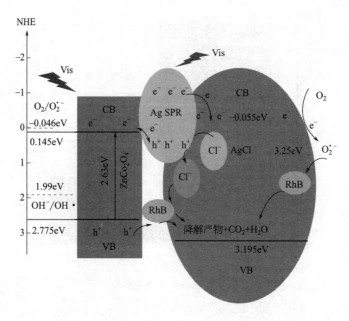

图 3-11　Ag@AgCl/ZnCo$_2$O$_4$ 光催化机理图

（1）光生电子-空穴对的产生

$$ZnCo_2O_4 + h\nu \longrightarrow ZnCo_2O_4(e^-) + ZnCo_2O_4(h^+)$$

$$Ag + h\nu \longrightarrow Ag(e^-) + Ag(h^+)$$

（2）光生电子-空穴对的迁移转化

$$Ag(e^-) + AgCl \longrightarrow Ag + AgCl(e^-)$$

$$AgCl(e^-) + O_2 \longrightarrow AgCl + O_2^{\cdot-}$$

$$ZnCo_2O_4(e^-) + Ag(h^+) \longrightarrow ZnCo_2O_4 + Ag$$

$$Ag(h^+) + Cl^- \longrightarrow Ag + Cl^0$$

（3）污染物的降解

$$O_2^{\cdot-} + RhB \longrightarrow 降解产物 + CO_2 + H_2O$$

$$Cl^0 + RhB \longrightarrow 降解产物 + CO_2 + H_2O + Cl^-$$

$$ZnCo_2O_4(h^+) + RhB \longrightarrow ZnCo_2O_4 + 降解产物 + CO_2 + H_2O$$

3.2　Ag@AgBr/Cu$_2$O 光催化剂

　　由于 Ag 与 AgBr 的紧密接触，AgBr 受到光照激发后产生的光生电子能转移到 Ag 纳米颗粒上，使得 AgBr 光生电子-空穴对更易分离，所以 Ag@AgBr 等离子体具有较高的可见光催化效果。并且光生空穴会和 Ag@AgBr 表面的 Br$^-$ 结合成具有强氧化性的 Br·，从而强有力地催化降解有机污染物、杀菌和还原重金属离子。

氧化亚铜（Cu_2O）是典型的 p 型窄带隙半导体，带隙宽度约为 2.17eV。在可见光区域吸收系数较高，光电性质优良，光电转换效率可达到 20%，且储量丰富、低毒低害、易制备且生产成本低，近年来受到人们广泛关注。1998 年，Ikeda 用 Cu_2O 作为光催化剂在太阳光下将水分解为氢气和氧气，Cu_2O 是一种极具前景的光催化材料。

本节将 Ag@AgBr 与 Cu_2O 结合制备出 Ag@AgBr/Cu_2O 复合光催化剂，由于 Ag@AgBr 与 Cu_2O 组分间的相互作用，可在 Ag@AgBr 与 Cu_2O 之间进行荷电转移，提高光催化剂量子效率，显示出良好的光催化活性。

3.2.1　Ag@AgBr/Cu_2O 光催化剂的制备

3.2.1.1　水热法制备 Cu_2O

将 4mmol $Cu(NO_3)_2 \cdot 3H_2O$ 溶解在 80mL 乙二醇中，超声分散 10min，在室温下磁力搅拌 30min。然后将混合物转移到 100mL 聚四氟乙烯反应釜中。之后在 140℃ 烘箱中保持 10h，自然冷却到室温。离心分离、洗涤、干燥后获得 Cu_2O 样品。

3.2.1.2　Ag@AgBr/Cu_2O 的制备

0.17g $AgNO_3$ 溶解于 80mL 醇水溶液（$V_{水}:V_{乙醇}=3:5$）中，搅拌下加入不同质量的 Cu_2O(0.1g、0.2g、0.3g) 和 0.111g 聚乙烯吡咯烷酮（PVP），置于反应釜中，放入烘箱保温 3h。自然冷却，加入 20mL 含有 0.0515g NaBr 的水溶液，然后用浓盐酸（30%）调节 pH。上述溶液隔夜搅拌，然后用 1000W 氙灯还原 30min。最后离心、洗涤、干燥得到不同 Cu_2O 含量的 Ag@AgBr/Cu_2O 催化剂，分别标记为 0.1Ag@AgBr/Cu_2O，0.2Ag@AgBr/Cu_2O，0.3Ag@AgBr/Cu_2O。

此外，Ag@AgBr 催化剂在未加入 Cu_2O 的条件下进行制备。

3.2.2　Ag@AgBr/Cu_2O 光催化剂的表征

3.2.2.1　XRD 分析

Cu_2O、Ag@AgBr/Cu_2O 和 Ag@AgBr 催化剂的 XRD 谱图如图 3-12 所示。从图中可知：Cu_2O 在 29.6°、36.4°、42.3°、61.4°、73.6° 处存在明显的衍射峰。根据 Cu_2O 的标准卡片（JCPDS 卡片：78-2076），这些衍射峰都属于 Cu_2O 特征衍射峰，分别对应 (110)、(111)、(200)、(220)、(311) 晶面。此外，并没有观察到 Cu_2O 其他形态的特征衍射峰，这说明使用溶剂热法制备出的 Cu_2O 的结晶度、纯度较高，晶体形态较好。根据 AgBr 的标准卡片（JCPDS 卡片：97-0148），Ag@AgBr/Cu_2O 和 Ag@AgBr 催化剂 XRD 谱图中位于 26.9°、31.1°、44.6°、52.9°、55.4°、73.8° 的特征衍射峰分别对应立方体晶型 AgBr 的 (111)、(200)、(220)、(311)、(222)、(420) 晶面。而在 Ag@AgBr/Cu_2O 的 XRD 图谱中属于 Cu_2O 的特征衍射峰明显弱化消失难以被观

察，这可能是由于负载 Ag@AgBr 后，Cu₂O 的粒径过小或是其在载体上的高度分散。此外，谱图中并未观察到独立的金属 Ag 单质的衍射峰，可能是因为 Ag 单质含量太少、分散性高，也可能是因为 Ag 单质的衍射峰被 AgBr 的衍射峰掩盖。

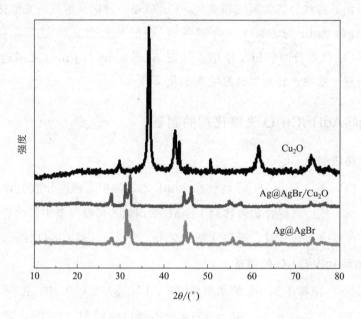

图 3-12　样品的 XRD 图谱

3.2.2.2　形貌结构分析

图 3-13 是 Cu₂O、Ag@AgBr/Cu₂O 和 Ag@AgBr 催化剂的 SEM、TEM 和 SAED 图。图 3-13（a）是采用水热法合成的球状 Cu₂O 微纳米结构，直径范围为 300～900nm。图 3-13（b）是 Ag@AgBr 纳米颗粒，其形貌为球状，直径范围为 50～100nm。图 3-13（c）和图 3-13（d）是负载后 Ag@AgBr/Cu₂O 的 SEM 图，其中图3-13（d）为负载后的单个微球，可以看出 Ag@AgBr 纳米颗粒沉积在 Cu₂O 表面上。图 3-13（e）为 Ag@AgBr/Cu₂O 的 TEM 图，可以观察到 10～50nm 的纳米 Ag 粒子附着在 Cu₂O 表面，且有 AgBr 颗粒分散在 Cu₂O 表面。图 3-13（f）为 Ag@AgBr/Cu₂O 的 HRTEM，可以看出Cu₂O 上有 Ag 和 AgBr 颗粒负载，且 Ag、AgBr 和 Cu₂O 的晶格间距 d 分别为 0.204nm、0.287nm、0.246nm，分别对应 Ag、AgBr 和 Cu₂O 的（200）、（200）和（111）晶面。图 3-13（g）为 Ag@AgBr/Cu₂O 的 SAED，可以看出 Ag@AgBr/Cu₂O 明亮的衍射环，说明其是多晶。另外，从图 3-13（g）中可以清晰地看到三个晶面的晶格间距分别为 0.278nm、0.246nm 和 0.204nm，与高分辨透射电镜的结果吻合较好。图 3-13（h）为 Ag@AgBr/Cu₂O 的 EDX 图，可以看出样品中含有 Ag 和 Br 元素。

3.2.2.3　XPS 分析

Ag@AgBr/Cu₂O 催化剂的 X 射线光电子能谱分析（XPS）结果如图 3-14 所示，

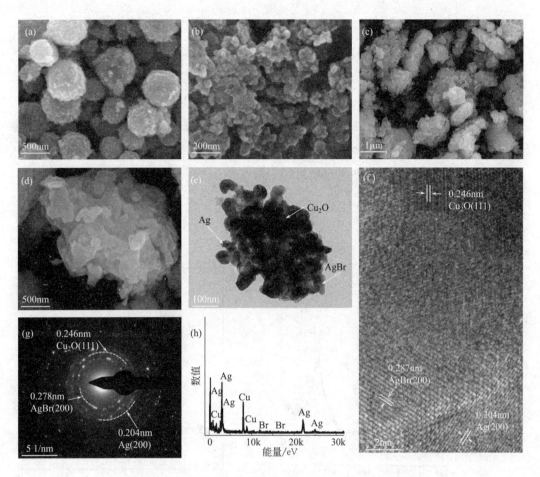

图 3-13 样品的 SEM、TEM、HRTEM、SAED 和 EDX

图 3-14(a) 为产物的全谱扫描图，从图中可以看出，产物中含有 Cu、O、Ag、Br 和 C 五种元素，其中 C 为基底。图 3-14(b) 为 Cu 2p 的发射光谱图，在 934.25eV 和 953.0eV 处出现了两个主要峰，分别对应 Cu^+ 的 Cu $2p_{3/2}$ 和 Cu $2p_{1/2}$ 的区域谱峰，在结合能 943.7eV 和 940.93eV 处分别有两个小的卫星峰，是 CuO 中 Cu^{2+} 的特征峰，说明样品中 Cu_2O 在暴露于空气中时，部分被氧化。图 3-14(c) 为 O 1s 的 XPS 图谱，其峰可以分化为 530.94eV 和 531.78eV 的特征峰，这两组峰值分别对应于 Cu_2O 晶格氧和被吸附于 Cu_2O 表面的 H_2O 或 ·OH。图 3-14(d) 为 Ag 3d 的 XPS 谱，出现在 367.30eV 和 373.32eV 处的峰，分别对应 Ag $3d_{5/2}$ 和 Ag $3d_{3/2}$。对 Ag 3d 分峰拟合，Ag $3d_{5/2}$ 可分解为 367.78eV 和 366.83eV 两个峰；而 Ag $3d_{3/2}$ 也可被分解为 373.89eV 和 372.92eV 两个峰，其中 367.78eV 和 373.89eV 处出现的峰属于 Ag^+，而 366.83eV 和 372.92eV 处的峰属于 Ag^0 单质，这说明催化剂中有 AgBr 和 Ag 生成。图 3-14(e) 为 Br 3d 的 XPS 解析图，在 68.1eV 和 69.2eV 处出现了两个主要峰，对应为 Br $3d_{5/2}$ 和 Br $3d_{3/2}$ 的区域谱峰。

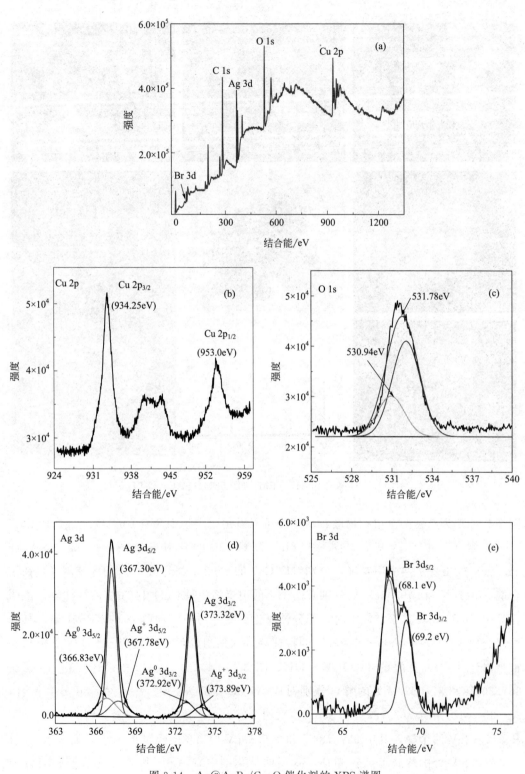

图 3-14　Ag@AgBr/Cu$_2$O 催化剂的 XPS 谱图

（a）全谱图，（b）Cu 2p，（c）O 1s，（d）Ag 3d，（e）Br 3d

3.2.2.4　UV-vis-DRS 分析

图 3-15(a)、图 3-15(b) 是 Cu_2O、$Ag@AgBr$ 和 $Ag@AgBr/Cu_2O$ 催化剂的紫外-可见漫反射吸收光谱的比较，结果表明，所有样品在紫外至可见光区域都表现一定的吸收，其中 Cu_2O 的吸收边界为 650nm，$Ag@AgBr$ 在紫外至可见光区都表现出较强吸收，而 $Ag@AgBr/Cu_2O$ 在紫外光区表现出特别强烈的吸收峰，这与后续在紫外光下降解 TNT 的实验中，$Ag@AgBr/Cu_2O$ 表现出最佳光催化性能相一致。并且在可见光区也表现出良好的吸收，这得益于金属 Ag 纳米颗粒局部等离子吸收。

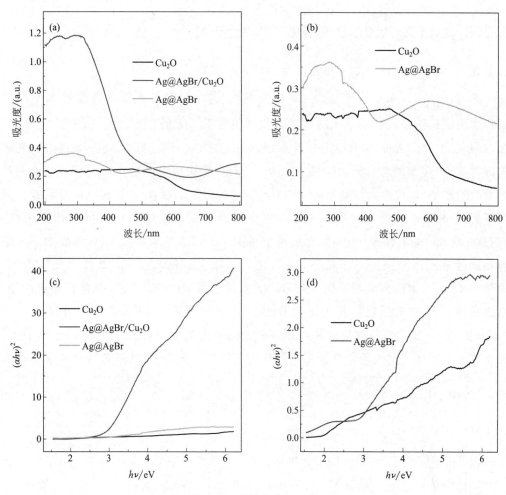

图 3-15　样品的吸收光谱

根据 Kubelka-Munk 公式计算 Cu_2O、$Ag@AgBr$ 和 $Ag@AgBr/Cu_2O$ 催化剂的禁带宽度。Cu_2O 和 AgBr 都为直接带隙半导体，因此 n 取 1/2。

图 3-15(c) 和图 3-15(d) 为 Cu_2O、$Ag@AgBr$ 和 $Ag@AgBr/Cu_2O$ 催化剂带隙能量的 $(\alpha h\nu)^2$ 与能量（$h\nu$）的关系图，其禁带宽度分别为 1.9eV、2.6eV 和 2.55eV，相比于 Cu_2O 和 $Ag@AgBr$，$Ag@AgBr/Cu_2O$ 的禁带宽度更窄，更易被可见光激发产生

自由基，因此 Ag@AgBr/Cu$_2$O 的光催化性能更好。

为了进一步揭示 Ag@AgBr/Cu$_2$O 催化剂在光催化反应过程中的载流子传递，利用公式对 Cu$_2$O 和 AgBr 的价带和导带电势进行了计算，计算结果见表 3-3。

表 3-3　**Cu$_2$O 和 AgBr 的电负性、带隙能、价带电势和导带电势**

催化剂	X	E_g/eV	E_{CB}/V	E_{VB}/V
Cu$_2$O	5.33	1.9	−0.12	1.78
AgBr	5.81	2.6	0.01	2.61

3.2.3　Ag@AgBr/Cu$_2$O 光催化剂的性能研究

3.2.3.1　Ag@AgBr/Cu$_2$O 光催化降解 TNT 废水实验

图 3-16(a) 为 0.2Ag@AgBr/Cu$_2$O 光催化剂降解 TNT 过程中的紫外-可见全波长扫描图谱。图 3-16(b) 显示的是在紫外光照射下，无催化剂、纯 Cu$_2$O、0.1Ag@AgBr/Cu$_2$O、0.2Ag@AgBr/Cu$_2$O、0.3Ag@AgBr/Cu$_2$O 和 Ag@AgBr 条件时，光催化降解 TNT 废水的实验测试结果。从图 3-16(a) 中可以看出，TNT 分子经过新制的亚硫酸钠和 N-氯代十六烷基吡啶（CPC）溶液显色后的吸收峰在 466nm 处附近。随着降解反应的不断进行，466nm 处峰强度逐渐减弱，这说明在光催化剂作用下，TNT 逐渐被降解，溶液中 TNT 含量越来越少，TNT、Na$_2$SO$_3$、CPC 形成的三元络合物显色基团逐渐减少。在光照 30min 之后，完全脱色，466nm 处峰强几乎为零，说明 TNT 已经被降解完成。图 3-16(b) 为几种不同催化剂对 TNT 光催化降解性能。结果显示，几种光催化剂都展示出良好的光催化降解 TNT 效果，其中 0.2Ag@AgBr/Cu$_2$O 光催化剂的催化效果最好，在 30min 内光催化降解率达到 100%，TNT 几乎被完全降解。单纯的紫外光照射同样能够降解 TNT，但其降解速率及效率随着

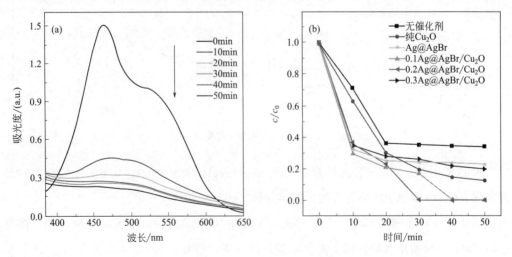

图 3-16　Ag@AgBr/Cu$_2$O 光催化剂降解 TNT 废水

处理时间的延长远不如 Ag@AgBr/Cu₂O/UV 体系。该实验结果表明，Ag@AgBr/Cu₂O/UV 体系能明显加速 TNT 在紫外光下的降解速率，同时，Ag@AgBr 负载能够有效提升 Cu₂O 光催化剂光催化降解 TNT 的性能，并且 0.2Ag@AgBr/Cu₂O 光催化剂表现出最佳的催化性能。

3.2.3.2 Ag@AgBr/Cu₂O 光催化性能评价及稳定性分析

图 3-17(a) 是 Ag@AgBr/Cu₂O 光催化降解罗丹明 B 分子的紫外-可见全波长扫描分析。图 3-17(b) 考察了 Cu₂O、0.1Ag@AgBr/Cu₂O、0.2Ag@AgBr/Cu₂O、0.3Ag@AgBr/Cu₂O、Ag@AgBr 对 RhB 的降解。结果显示，纯的 Cu₂O 光催化效果最差，在 60min 内光催化降解率仅为 5.4%。0.3Ag@AgBr/Cu₂O 在 60min 内的光催化降解率为 84%。0.1Ag@AgBr/Cu₂O 的光催化降解率 94.8%，与 Ag@AgBr 在 60min 的光催化降解率（94.6%）特别接近。而 0.2Ag@AgBr/Cu₂O 催化剂在 60min 内光催化降

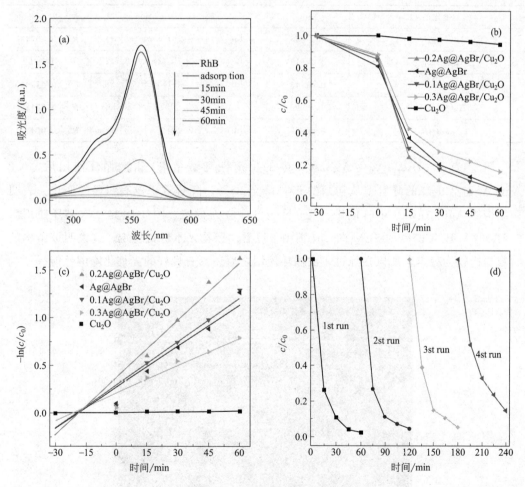

图 3-17 样品光催化降解 RhB

(a) Ag@AgBr/Cu₂O 降解 RhB 过程中的可见光扫描图谱；(b) 可见光条件下不同催化剂对光催化降解 RhB 的影响；(c) 不同催化剂对光催化降解 RhB 一级动力学拟合；(d) Ag@AgBr/Cu₂O 循环降解 RhB 的性能

解率达到98%，罗丹明B几乎被完全降解，催化效果最好。该实验结果表明，Cu_2O能够有效提升$Ag@AgBr$的降解性能。

从图3-17(c)可以看出$-\ln(c/c_0)$与t线性相关，说明上述降解过程遵循伪一级反应动力学模型。如表3-4所示，对曲线进行线性拟合后计算各样品光催化降解反应的k值，得到Cu_2O、$0.1Ag@AgBr/Cu_2O$、$0.2Ag@AgBr/Cu_2O$、$0.3Ag@AgBr/Cu_2O$、$Ag@AgBr$的反应速率常数分别为$0.00027min^{-1}$、$0.01512min^{-1}$、$0.01998min^{-1}$、$0.0096min^{-1}$、$0.01443min^{-1}$。其中，$0.2Ag@AgBr/Cu_2O$反应速率常数最大，为$0.1998min^{-1}$，约是$Ag@AgBr$的1.38倍，约是最小值Cu_2O的74倍。这说明采用$Ag@AgBr$与Cu_2O进行复合，将$Ag@AgBr$负载到Cu_2O表面可以很好地促进$Ag@AgBr$的分散，获得更大的比表面积，得到更好的光催化活性。

表3-4　光催化降解过程的动力学模拟

催化剂	k/min^{-1}	Regression equation	R^2
$0.2Ag@AgBr/Cu_2O$	0.01998	$-\ln(c/c_0)=0.01998x+0.37311$	$R^2=0.90728$
$0.1Ag@AgBr/Cu_2O$	0.01512	$-\ln(c/c_0)=0.01512x+0.29722$	$R^2=0.9192$
$Ag@AgBr$	0.01443	$-\ln(c/c_0)=0.01443x+0.27296$	$R^2=0.91403$
$0.3Ag@AgBr/Cu_2O$	0.0096	$-\ln(c/c_0)=0.0096x+0.20911$	$R^2=0.92135$
Cu_2O	0.00027	$-\ln(c/c_0)=0.00027x+0.00427$	$R^2=0.00427$

图3-17(d)为$0.2Ag@AgBr/Cu_2O$的稳定性测试结果，4次循环使用后，$0.2Ag@AgBr/Cu_2O$的降解率从初始的98%降至85%，降解效果没有明显的变化。表明该结构的$Ag@AgBr/Cu_2O$催化剂的光降解性能较为稳定。图3-18是4次循环使用后$0.2Ag@AgBr/Cu_2O$的SEM图，从图中可以看出产物基本保持稳定，这说明该结构的材料结构较为稳定，所以在经过4次循环使用之后还具有良好的光催化降解性能。

图3-18　$0.2Ag@AgBr/Cu_2O$循环使用4次后的SEM图

3.2.4　Ag@AgBr/Cu₂O 光催化剂机理研究

3.2.4.1　自由基捕获实验

图 3-19 展示了 Ag@AgBr/Cu₂O 光催化降解 RhB 反应过程中，不同活性因子的捕获对反应速率的影响。从图中可以看出，加入 IPA 后，RhB 的降解率几乎没有任何减少。加入 BQ 和 TEOA 后，RhB 的降解程度大幅度降低。说明反应过程中主要活性因子为超氧负离子（$O_2^{\cdot -}$）和空穴（h^+），而不是羟基自由基（·OH）。

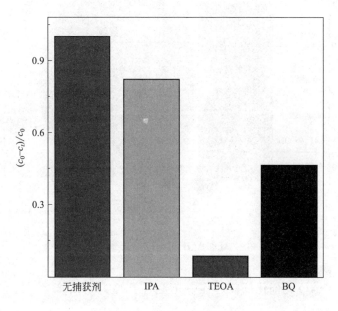

图 3-19　自由基捕获实验

3.2.4.2　光催化机理分析

光催化降解 RhB 反应过程可能遵循 Z 型光催化降解机理。如图 3-20 所示，在可见光照射下，AgBr 和 Cu₂O 吸收光子后被激发都可以产生光生电子-空穴对。Cu₂O 的禁带宽度为 1.9eV，Cu₂O 的导带和价带能级分别为 $-0.12eV$ 和 1.78eV（vs. NHE）。这表明 Cu₂O 导带上的光生电子的还原性较高，可以将吸附于催化剂表面的 O_2 转换为 $O_2^{\cdot -}[E(O_2/O_2^{\cdot -})=0.13eV(vs.\,NHE)]$，参与到目标污染物的降解过程中，这与自由基捕获实验结果相一致。由于 AgBr 的导带电势（$-0.3V$）更负于 Ag 单质的费米能级（0.4V），AgBr 的导带上产生的光生电子转移到 Ag 纳米粒子上，随后被进一步转移到 Cu₂O 的价带上与 Cu₂O 留在价带上的空穴复合。AgBr 的导带和价带能级分别为 0.01eV 和 2.61eV（vs. NHE）这表明 AgBr 价带上产生的光生空穴能直接降解污染物，因为 AgBr 产生的光生空穴的能量是 2.61eV（vs. NHE），比 $OH^-/\cdot OH$ 的反应势能 $[E(OH^-/\cdot OH)=1.99eV(vs.\,NHE)]$ 更高，说明其空穴具有强氧化性。同时，部分

AgBr 价带上产生的光生空穴转移到 AgBr 的表面，并和 AgBr 中的 Br 相结合生成自由基 Br·，Br·具有强氧化性，能够对 RhB 进行有效降解，将污染物矿化为 CO_2、H_2O 等无机小分子物质，而 Br·自由基被还原为 Br^-，与 Ag^+ 结合成 AgBr，保证了体系的自稳定。该结果与猝灭实验结果一致，在 Ag@AgBr/Cu_2O 光催化降解过程中，主要活性因子为超氧负离子（$O_2^{·-}$）和空穴（h^+），而不是羟基自由基（·OH）。

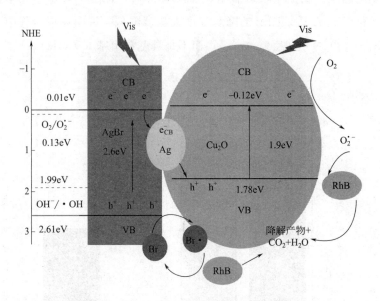

图 3-20　Ag@AgBr/Cu_2O 降解机理示意图

Ag@AgBr/Cu_2O 光催化反应过程中光生电子-空穴对的产生、迁移转化以及污染物降解途径概括如下：

（1）光生电子-空穴对的产生

$$AgBr + h\nu \longrightarrow AgBr(e^-) + AgBr(h^+)$$

$$Cu_2O + h\nu \longrightarrow Cu_2O(e^-) + Cu_2O(h^+)$$

（2）光生电子-空穴对的迁移转化

$$Ag + AgBr(e^-) \longrightarrow AgBr + Ag(e^-)$$

$$Cu_2O(h^+) + Ag(e^-) \longrightarrow Ag + Cu_2O$$

$$Cu_2O(e^-) + O_2 \longrightarrow Cu_2O + O_2^{·-}$$

$$AgBr(h^+) + Br^- \longrightarrow AgBr + Br^0$$

（3）污染物的降解

$$O_2^{·-} + RhB \longrightarrow 降解产物 + CO_2 + H_2O$$

$$AgBr(h^+) + RhB \longrightarrow 降解产物 + CO_2 + H_2O$$

$$Br^0 + RhB \longrightarrow 降解产物 + CO_2 + H_2O + Br^-$$

3.3　Ag@AgI/TiO$_2$ 光催化剂

TiO$_2$ 具有价格低廉、无毒、光催化性能较好的特征，是具有商业应用前景的光催化剂，但是 TiO$_2$ 带隙宽度较大，只能吸收紫外光波段的能量，量子效率低，大大阻碍了 TiO$_2$ 的实际应用。因此，需要延伸 TiO$_2$ 的光吸收范围至可见光区域，使得改性后的 TiO$_2$ 表现出较强的可见光吸收。

近年来，Ag@AgX 光催化剂因其良好的光催化性能受到广泛关注。Ag 具有表面等离子体效应，能增强 AgX 对可见光的吸收；此外，金属 Ag 存在于表面阻止了 AgX 的分解，从而提高了体系的稳定性。Ag@AgX 复合光催化剂可以在 Ag@AgX 与半导体之间形成异质结，发生荷电转移，量子效率提高，同时降低了贵金属的使用量，因此，发展 Ag@AgX 复合物光催化剂可以被视为一种提升 TiO$_2$ 光催化性能的有效手段。

本节我们通过两步法制备出了三元 Ag@AgI/TiO$_2$ 复合物，引入 AgI 颗粒于 TiO$_2$ 体系中，且部分 Ag$^+$ 在光照下被还原成 Ag 单质。Ag@AgI/TiO$_2$ 复合物表现出较高的可见光吸收归因于金属 Ag 的表面等离子体效应，各组分间增强的界面相互作用，提高的电荷分离和转移。相较于 Ag@AgI 和 TiO$_2$，Ag@AgI/TiO$_2$ 复合物表现出显著提高的光催化活性。同时，评估了 TiO$_2$ 的不同含量对 Ag@AgI/TiO$_2$ 复合物光催化性能的影响，当添加 0.2g TiO$_2$ 时，Ag@AgI/TiO$_2$ 复合物表现出最高的光催化活性。

3.3.1　Ag@AgI/TiO$_2$ 光催化剂的制备

3.3.1.1　TiO$_2$ 纳米材料的制备

将 0.4g 聚环氧乙烷-聚环氧丙烷-聚环氧乙烷三嵌段共聚物（P123）加入到由 7.6mL 无水乙醇和 0.5mL 去离子水组成的混合溶液中搅拌至 P123 完全溶解得到澄清溶液标记为 A 溶液。然后再配制含有 2.5mL 钛酸丁酯（TBOT）和 1.4mL 浓盐酸（浓度为 12mol/L）的混合溶液，标记为 B 溶液。将 B 溶液逐滴滴加到 A 溶液中，搅拌 30min 后。伴随着搅拌，再向上述溶液中加入 32mL 乙二醇（EG）。最后装入 50mL 高压反应釜中，放入烘箱中 140℃下保持 24h。离心分离、洗涤、干燥，收集沉淀物，将所获得的白色沉淀在 400℃下进行煅烧。将煅烧后所获得的粉末标记备用。

3.3.1.2　Ag@AgI/TiO$_2$ 的制备

称取 0.17g AgNO$_3$ 溶解于 30mL 去离子水和 40mL 无水乙醇组成的混合溶剂中。将一定质量的 TiO$_2$（0.1g、0.2g、0.3g）以及 0.111g 聚乙烯吡咯烷酮（PVP）在搅拌条件下加入到上述溶液中，搅拌 30min。然后装入反应釜密封，在 130℃烘箱中保温 3h。自然冷却后，把 20mL 含有 0.02925g KI 的溶液加入到上面溶液中，并用浓盐酸（30%）调节 pH，继续搅拌陈化一定时间。随后用 1000W 氙灯照射 30min 光致还原。

最后离心分离、洗涤、干燥得到 TiO₂ 含量不同的三种 Ag@AgI/TiO₂ 催化剂，分别标记为：0.1Ag@AgI/TiO₂、0.2Ag@AgI/TiO₂、0.3Ag@AgI/TiO₂。

此外，Ag@AgI 催化剂在未加入 TiO₂ 的条件下进行制备。

3.3.2　Ag@AgI/TiO₂ 光催化剂的表征

3.3.2.1　XRD 分析

Ag@AgI、Ag@AgI/TiO₂、TiO₂ 催化剂的 XRD 谱图如图 3-21 所示。TiO₂ 和 Ag@AgI/TiO₂ 在 25.3°、37.8°、48.1°、53.9°、55.1°、62.7°、68.8°、70.3°、75.5° 处存在明显的衍射峰。根据锐钛矿 TiO₂ 的标准卡片（JCPDS 卡片：71-1166），这些衍射峰都属于 TiO₂ 特征衍射峰，分别对应（101）、（004）、（200）、（105）、（211）、（204）、（116）、（220）、（215）晶面。同时，也说明负载 Ag@AgI 后本体 TiO₂ 的晶体结构并未发生改变。根据 AgI 的标准卡片（JCPDS 卡片：85-0801），位于 22.3°、23.6°、32.1°、39.2°、54.8°、57.5°、67.5° 的特征衍射峰分别对应立方体晶型 AgI 的（100）、（002）、（102）、（110）、（311）、（222）、（400）晶面。此外，结合 Ag 的标准卡片（JCPDS 卡片：87-0597），Ag@AgI/TiO₂ 的 XRD 图谱在 38.2° 位置的衍射峰，说明 Ag 单质的存在。光致还原使得部分 Ag⁺ 还原为 Ag 单质颗粒，从而使得 Ag@AgI/TiO₂ 在可见光条件下的光催化性能显著提高。

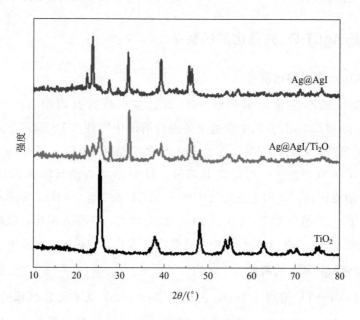

图 3-21　样品的 XRD 谱图

3.3.2.2　形貌结构分析

图 3-22 是 Ag@AgI、Ag@AgI/TiO₂、TiO₂ 催化剂的 SEM、TEM、HRTEM 和

SAED 图。图 3-22(a) 是采用水热法合成的纳米 TiO_2，主要由直径范围为 $50\sim100\mu m$ 的球状颗粒组成。图 3-22(b) 是 Ag@AgI 纳米结构，具有不规则块状形貌，粒径范围是 $2\sim10\mu m$。图 3-22(c) 是负载后 Ag@AgI/TiO_2 的 SEM 图，可以看出 Ag@AgI 纳米颗粒沉积在 TiO_2 的表面上。图 3-22(d) 为 Ag@AgI/TiO_2 的 TEM 图，可以看出 $10\sim50nm$ 的纳米 Ag 粒子均匀地附着在 TiO_2 表面，且有 $50\sim100nm$ 的 AgI 颗粒分散在 TiO_2 表面。图 3-22(e) 为 Ag@AgI/TiO_2 的 HRTEM，可以看出 TiO_2 上有 Ag 和 AgI 颗粒负载，且 Ag、AgI 和 TiO_2 的晶格间距 d 分别为 0.204nm、0.23nm、0.3516nm，分别对应晶面 (200)、(110) 和 (101)。图 3-22(f) 为 Ag@AgI/TiO_2 的 SAED，可以看到 Ag@AgI/TiO_2 的衍射环，说明其是多晶。另外，图 3-22(f) 中可以清晰地看到 Ag、AgI 和 TiO_2 的明亮衍射环，分别对应 Ag、AgI 和 TiO_2 的 (200)、(110) 和 (101) 晶面，与 HRTEM 相一致。图 3-22(g) 为 Ag@AgI/TiO_2 的 EDX 图，图中可以看出样品由 Ag、I、Ti、O 四种元素组成，其中的 Cu 衍射峰为 TEM 样品制备所用 Cu 网造成。综上所述，可以清晰地判定 Ag@AgI 呈颗粒状均匀分散负载到 TiO_2 微球表面。

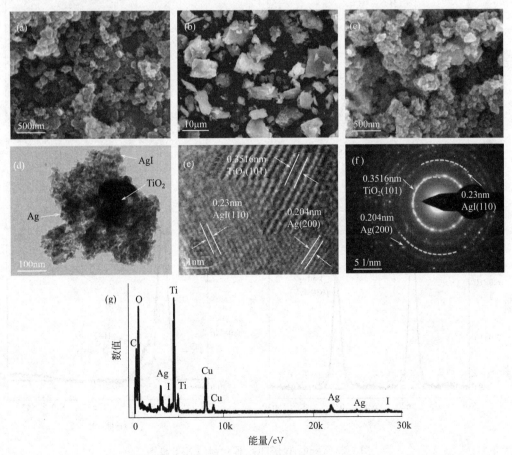

图 3-22　样品的 SEM、TEM、HRTEM、SAED 和 EDX

3.3.2.3 XPS 分析

Ag@AgI/TiO$_2$ 催化剂的 X 射线光电子能谱分析（XPS）结果如图 3-23 所示，

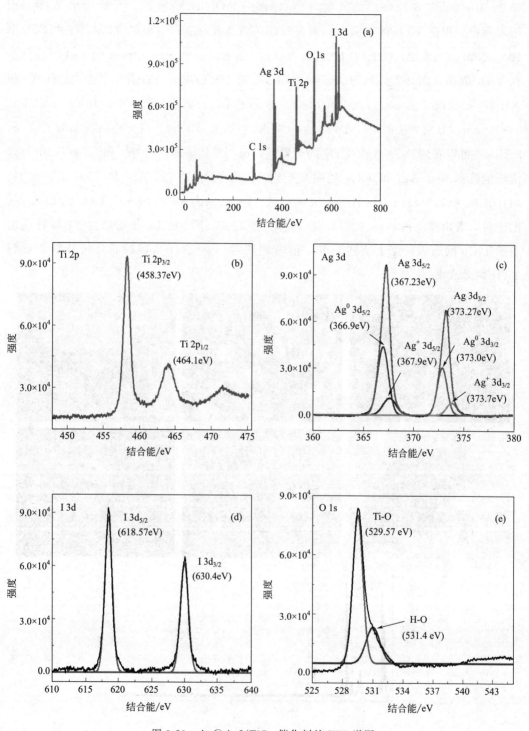

图 3-23　Ag@AgI/TiO$_2$ 催化剂的 XPS 谱图

（a）全谱图，（b）Ti 2p，（c）Ag 3d，（d）I 3d，（e）O 1s

图 3-23(a) 为产物的全谱扫描图，从图中可以看出，产物中含有 Ti、O、Ag、I 和 C 六种元素，其中 C 为基底。图 3-23(b) 为 Ti 2p 的发射光谱图，在 458.37eV 和 464.1eV 处出现了两个主要峰，对应为 Ti $2p_{3/2}$ 和 Ti $2p_{1/2}$ 的区域谱峰，两峰之间的距离为 5.73eV，证明钛元素以正四价钛存在于二氧化钛中。图 3-23(c) 为 Ag 3d 的 XPS 谱，Ag3d 出现在 367.23eV 和 373.27eV 处的峰，分别对应 Ag $3d_{5/2}$ 和 Ag $3d_{3/2}$。对 Ag 3d 分峰拟合，Ag $3d_{5/2}$ 可以分解为 367.9eV 和 366.9eV 两个峰；而 Ag $3d_{3/2}$ 被分解为 373.7eV 373.0eV 两个峰，其中 367.9eV 和 373.7eV 处出现的峰属于 Ag^+，而 366.9eV 和 373.0eV 处的峰属于 Ag^0 单质，这说明催化剂中有 AgI 和 Ag 生成。图 3-23(d) 为 I 3d 的 XPS 发射光谱图，在 618.57eV 和 630.4eV 处出现了两个主要峰，对应为 I $3d_{5/2}$ 和 I $3d_{3/2}$ 的区域谱峰。图 3-23(e) 为 O 1s 的 XPS 图谱，其不对称的峰可以分解为两组结合能分别为 529.57eV 和 531.4eV 的特征峰，这两组特征峰分别对应于 TiO_2 的晶格氧和被吸附于 TiO_2 表面的 H_2O 或 ·OH。

3.3.2.4　UV-vis-DRS 分析

图 3-24 是 TiO_2、Ag@AgI 和 0.2Ag@AgI/TiO_2 催化剂的紫外-可见漫反射吸收光谱的比较，结果表明，纯 TiO_2 在 300nm 处有强吸收峰，其吸收边界大约是 400nm，属于紫外区吸收。Ag@AgI 在可见光区域吸收峰比较明显，是 AgI 自身的可见光吸收性质和 Ag 等离子体共同作用，它的吸收边界大约是 490nm，在 440nm 存在强吸收峰，该峰是包含于可见光区域的吸收峰。因此在 TiO_2 负载 Ag@AgI 后形成的 Ag@AgI/TiO_2 复合物也对可见光有了强烈的吸收，其吸收光谱中，同时存在 300nm 和 440nm 两个强吸收峰。Ag@AgI/TiO_2 复合物较纯 TiO_2 和 Ag@AgI 发生红移，吸收边界大约是 520nm，这表明 Ag@AgI/TiO_2 复合体系中 Ag@AgI 与 TiO_2 之间产生了相互作用，而其具体机理还有待进一步研究。

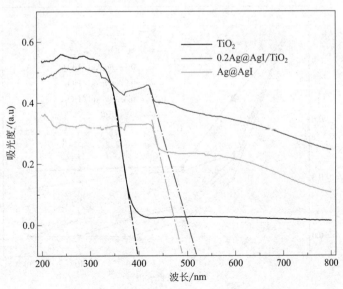

图 3-24　样品的紫外-可见漫反射吸收光谱

TiO$_2$、Ag@AgI 和 0.2Ag@AgI/TiO$_2$ 催化剂的吸收边界分别在 400nm、490nm 和 520nm 处，通过公式 $E_g = 1240/\lambda$（E_g 和 λ 分别为带隙能和吸收带波长）计算可得 TiO$_2$、Ag@AgI 和 Ag@AgI/TiO$_2$ 催化剂的禁带宽度分别为 3.1eV、2.53eV 和 2.38eV。与 TiO$_2$ 和 Ag@AgI 相比，Ag@AgI/TiO$_2$ 的禁带宽度更窄，更易被可见光激发产生自由基，因此 Ag@AgI/TiO$_2$ 的光催化性能更好。

为了进一步揭示 Ag@AgI/TiO$_2$ 催化剂在光催化反应过程中的载流子传递，利用公式对 AgI、TiO$_2$ 的价带和导带电势进行了计算。计算结果见表 3-5。

表 3-5　AgI、TiO$_2$ 的电负性、带隙能、价带电势和导带电势

催化剂	X	E_g/eV	E_{CB}/V	E_{VB}/V
AgI	5.48	2.8	-0.42	2.38
TiO$_2$	5.81	3.1	-0.24	2.86

3.3.3　Ag@AgI/TiO$_2$ 光催化剂的性能研究

3.3.3.1　Ag@AgI/TiO$_2$ 光催化降解 TNT 废水实验

图 3-25 显示的是在紫外光照射下，无催化剂、纯 TiO$_2$、0.1Ag@AgI/TiO$_2$、0.2 Ag@AgI/TiO$_2$，0.3Ag@AgI/TiO$_2$ 和 Ag@AgI 光催化降解 TNT 废水的实验测试结果。从图中可以看出，与单纯的紫外光降解相比，纯 TiO$_2$、0.1Ag@AgI/TiO$_2$、0.2Ag@AgI/TiO$_2$ 和 0.3Ag@AgI/TiO$_2$ 光催化剂都展示出良好的光催化降解 TNT 效果，其中纯 TiO$_2$ 光催化剂的催化效果最好，在 30min 内光催化降解率几乎达到 100%，TNT 几乎被完全降解。该实验结果表明，TiO$_2$/UV 体系能明显加速 TNT 在紫外光下的降解速率，同时，在紫外光条件下，Ag@AgI 负载并未能够像预想的那样有效提升 TiO$_2$ 光催化剂光催化降解 TNT 的性能，可能是由于在紫外光照射下 AgI 和 TiO$_2$ 都能够吸收足够能量的光

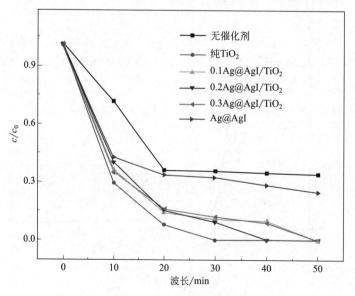

图 3-25　Ag@AgI/TiO$_2$ 光催化剂降解 TNT 废水

子产生光生电子-空穴对。由于复合物中 Ag 单质的存在，AgI 产生的光生空穴和 TiO_2 产生的光生电子在 Ag 颗粒表面复合湮灭，增强了光生空穴-电子对的分离效率，提高其光催化性能，使 $0.1Ag@AgI/TiO_2$、$0.2Ag@AgI/TiO_2$ 和 $0.3Ag@AgI/TiO_2$ 在紫外光照射下表现出高于 Ag@AgI 的光催化性能，其中 $0.2Ag@AgI/TiO_2$ 表现出更加优异的光催化性能。但与纯 TiO_2 相比，虽然复合后光电分离效率提高，但由于 Ag@AgI 的负载，复合物表面 Ag 单质的存在一定程度上减弱了复合物对紫外光的吸收，使得表观光降解速率小于纯 TiO_2。纯 TiO_2 在 30min 内光催化降解率几乎达到 100%，TNT 几乎被完全降解，而 $0.2Ag@AgI/TiO_2$ 在 40min 后降解率也基本达到 100%。

3.3.3.2 Ag@AgI/TiO₂ 光催化降解模拟染料及稳定性分析

利用紫外-可见全波长扫描分析罗丹明 B 分子在 $0.2Ag@AgI/TiO_2$ 光催化降解过程中变化情况，如图 3-26(a) 所示。随着反应时间的推进，罗丹明 B 分子在 553nm 处特征峰峰强度逐渐减弱，在光照 90min 之后，550nm 处峰强几乎为零，说明罗丹明 B

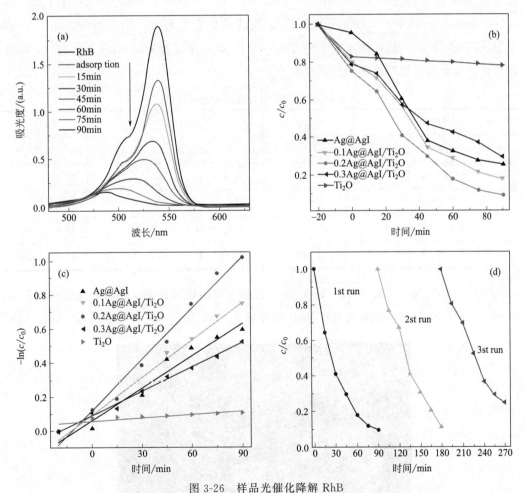

图 3-26 样品光催化降解 RhB

（a）Ag@AgI/TiO₂ 降解 RhB 过程中的可见光扫描图谱；（b）可见光条件下不同催化剂对
光催化降解 RhB 的影响；（c）不同催化剂对光催化降解 RhB 一级动力学拟合；（d）Ag@
AgI/TiO₂ 循环降解 RhB 的性能

染料的偶氮结构已经被完全破坏。降解过程中吸收峰形状有一定程度的蓝移，说明降解过程中有一些小分子中间产物生成。

图 3-26(b) 为不同催化剂 TiO_2、$0.1Ag@AgI/TiO_2$、$0.2Ag@AgI/TiO_2$、$0.3Ag@AgI/TiO_2$、$Ag@AgI$ 的光催化性能。结果显示，纯 TiO_2 的光催化效果最差，在 90min 内光催化降解率仅为 22%。$0.3Ag@AgI/TiO_2$、$Ag@AgI$、$0.1Ag@AgI/TiO_2$ 在 90min 光催化降解率分别为 70%、75%、82%。而 $0.2Ag@AgI/TiO_2$ 催化剂的催化效果最好，在 90min 内光催化降解率达到 91%，罗丹明 B 几乎被完全降解。该实验结果表明，TiO_2 能够有效提升 $Ag@AgI$ 光催化剂的光催化降解性能。

图 3-26(c) 表明 $Ag@AgI/TiO_2$ 光催化降解罗丹明 B 的反应遵循伪一级反应动力学模型。如表 3-6 所示，对曲线进行线性拟合后计算各样品光催化降解反应的 k 值，得到 TiO_2、$0.1Ag@AgI/TiO_2$、$0.2Ag@AgI/TiO_2$、$0.3Ag@AgI/TiO_2$、$Ag@AgI$ 的反应速率常数分别为 $0.0007min^{-1}$，$0.00732min^{-1}$，$0.00997min^{-1}$，$0.00471min^{-1}$，$0.00634min^{-1}$。其中，$0.2Ag@AgI/TiO_2$ 反应速率常数最大，为 $0.00997min^{-1}$，约是 $Ag@AgI$ 的 1.57 倍，约是最小值 TiO_2 的 14 倍。这说明采用 $Ag@AgI$ 与 TiO_2 进行复合，能够获得比较高的光催化性能。

表 3-6　光催化降解过程的动力学模拟

催化剂	k/min^{-1}	回归方程	R^2
$0.2\,Ag@AgI/Ti_2O$	0.00997	$-\ln(c/c_0)=0.00997x+0.12274$	$R^2=0.97779$
$0.1\,Ag@AgI/Ti_2O$	0.00732	$-\ln(c/c_0)=0.00732x+0.09386$	$R^2=0.97213$
$Ag@AgI$	0.00634	$-\ln(c/c_0)=0.00634x+0.06087$	$R^2=0.93607$
$0.3\,Ag@AgI/Ti_2O$	0.00471	$-\ln(c/c_0)=0.00471x+0.09249$	$R^2=0.99017$
Ti_2O	0.0007	$-\ln(c/c_0)=0.0007x+0.05547$	$R^2=0.56939$

图 3-26(d) 为 $0.2Ag@AgI/TiO_2$ 循环使用 3 次的稳定性测试结果，从图中可以看出在 3 次循环使用后，该催化剂对 RhB 的降解率仍能达到 78%。图 3-27 是 $Ag@AgI/$

图 3-27　$0.2Ag@AgI/TiO_2$ 三次循环使用后的 SEM 图

TiO_2 复合物经过 3 次循环使用后测得的 SEM 图，从图中可以观察到经过 3 次循环后该材料还能保持结构的基本稳定。

3.3.4　Ag@AgI/TiO₂ 光催化剂机理研究

3.3.4.1　自由基捕获实验

使用异丙醇（IPA）、对苯醌（BQ）和三乙醇胺（TEOA）来捕获淬灭羟基自由基（·OH）、超氧负离子（$O_2^{\cdot-}$）和空穴（h^+），探索 Ag@AgI/TiO_2 光催化降解 RhB 反应过程中的活性因子（见图 3-28）。加入 IPA 反应 30min 后，RhB 的降解率几乎没有任何减少。加入 BQ 或 TEOA 后，RhB 的降解程度则大幅度降低。说明在 RhB 降解过程中，Ag@AgI/TiO_2 的主要活性因子为空穴（h^+）和超氧负离子（$O_2^{\cdot-}$）。

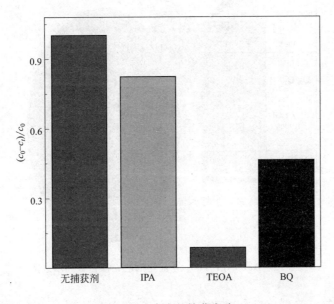

图 3-28　自由基捕获实验

3.3.4.2　光催化机理分析

基于捕获因子实验和光降解性能实验分析，可能的降解 RhB 机理见图 3-29。在可见光照射下，吸收光子后 Ag 纳米粒子和 AgI 被激发都可以产生光生电子-空穴对。Ag 纳米粒子上产生的光生电子转移到 TiO_2 的导带上，被吸附在 TiO_2 表面上的 O_2 捕获产生 $O_2^{\cdot-}$，而光生空穴则留在 Ag 纳米颗粒的价带。AgI 的禁带宽度为 2.8eV，其导带和价带能级分别为 -0.42eV 和 2.38eV（vs. NHE）。AgI 价带上产生的光生空穴能直接参与目标污染物的降解，因为其光生空穴的能量 2.38eV（vs. NHE）高于 $OH^-/\cdot OH$ 的反应势能 [$E(OH^-/\cdot OH)=1.99eV(vs. NHE)$]。而 AgI 导带上产生的光生电子在肖特基势垒的作用下与 Ag 纳米颗粒上的光生空穴复合。由于 TiO_2 的带隙宽度为

3.1eV，TiO$_2$ 的导带和价带能级分别为 -0.24eV 和 2.86eV(vs. NHE)，在可见光下不能被激发，Ag 纳米粒子上的光生电子转移到 TiO$_2$ 导带并参与目标污染物的降解，这主要是由于其光生电子的能量 -0.24eV(vs. NHE) 更负于 O$_2$/O$_2^{·-}$ 的反应势能 $[E$(O$_2$/O$_2^{·-}$)$=-0.046$eV(vs. NHE)$]$。此外，AgI 价带上产生的光生空穴还可以直接氧化 AgI 中的 I$^-$，并与之结合生成自由基 I·，I· 具有强氧化性，能够对 RhB 进行有效降解，将污染物矿化为 CO$_2$、H$_2$O 等无机小分子物质，而 I· 被还原为 I$^-$，I$^-$ 和 Ag$^+$ 结合生成 AgI，体系自稳定。该结果与自由基捕获实验结果一致，在 Ag@AgI/TiO$_2$ 光催化降解 RhB 过程中，主要活性因子为超氧负离子（O$_2^{·-}$）和空穴（h$^+$）。

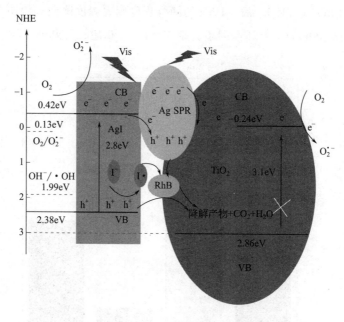

图 3-29　Ag@AgI/TiO$_2$ 光催化剂的光催化机理示意图

　　Ag@AgI/TiO$_2$ 光催化反应过程中光生电子-空穴对的产生、迁移转化以及污染物的降解途径如下：

（1）光生电子-空穴对的产生

$$AgI + h\nu \longrightarrow AgI(e^-) + AgI(h^+)$$

$$Ag + h\nu \longrightarrow Ag(e^-) + Ag(h^+)$$

（2）光生电子-空穴对的转移

$$AgI(e^-) + Ag(h^+) \longrightarrow AgI + Ag$$

$$Ag(e^-) + TiO_2 \longrightarrow Ag + TiO_2(e^-)$$

$$TiO_2(e^-) + O_2 \longrightarrow O_2^{·-} + TiO_2$$

$$AgI(e^-) + O_2 \longrightarrow O_2^{·-} + AgI$$

$$AgI(h^+) + I^- \longrightarrow AgI + I^0$$

（3）污染物的降解

$$Ag(h^+) + RhB \longrightarrow 降解产物 + CO_2 + H_2O$$

$$AgI(h^+) + RhB \longrightarrow 降解产物 + CO_2 + H_2O$$

$$O_2^{\cdot -} + RhB \longrightarrow 降解产物 + CO_2 + H_2O$$

$$I^0 + RhB \longrightarrow 降解产物 + CO_2 + H_2O + I^-$$

第4章

复合法银基半导体光催化剂的制备及其
光催化性能研究

单种光催化剂或多或少都有缺点，如：光吸收差、带隙宽、光电转换效率低、界面催化效率低和光稳定性差等。复合光催化剂的协同作用能改善单种光催化剂的光催化性能。因此，合理设计和制备出以 Ag_3PO_4 为基的复合光催化剂非常重要。

半导体的逸出功一般比金属的小，半导体与金属耦合后，电子从半导体流向金属，形成肖特基势垒，这样会促进半导体的空穴与电子分离，进而提高半导体的光催化性能。经常以金属如 Au、Ag、Pt 和 Pb 等沉积到半导体上构建复合光催化剂，增强半导体的光催化性能。纳米 Ag 容易从磷酸银转化而来，经常与 Ag_3PO_4 耦合制备高效复合光催化剂。Bi 等通过葡萄糖原位还原磷酸银制备立方体 Ag/Ag_3PO_4 复合光催化剂，它在可见光辐射下降解罗丹明 B 的效果优于立方体 Ag_3PO_4，说明单质银沉积到 Ag_3PO_4 表面，形成肖特基势垒，提高了 Ag_3PO_4 的光催化活性。然而，直接将磷酸银还原为单质银，会经常导致单质银分布不均匀及形成的结构不规则，进而在 Ag-Ag_3PO_4 界面形成缺陷，缺陷再成为载流子的复合中心，从而减弱光催化性能。Bai 等发现一种类似核壳结构的半导体-金属-石墨烯堆叠方法，恰好可以解决界面缺陷。Bi 等利用矩形纳米银线、$[Ag(NH_3)_2]^+$ 和 Na_2HPO_4 制备出项链状的 Ag 纳米线/Ag_3PO_4 复合光催化剂，它的项链结构能解决界面缺陷问题，纳米银线能快速传递电子，使光生电子-空穴分离效率提高，从而使它的光催化性能大大提高。金属不仅可以作为介质传输电子，还可以通过等离子共振效应增强金属/磷酸银复合光催化剂的光吸收。纳米银颗粒通过局域表面等离子共振（LSPR）作用及合理的能带配置，促进纳米银/磷酸银类复合光催化剂的光吸收及空穴-电子分离，从而增强材料的光催化性能。

Ag_3PO_4 与其它半导体耦合时，通过能带匹配，促进光生空穴-电子对分离，进而提高光催化性能。Ag_3PO_4 具有较低能量的导带和较高能量的价带，因此，Ag_3PO_4 类

复合光催化剂中的 Ag_3PO_4 经常作为电子受体和空穴给体，促进其它半导体的光生电子流入 Ag_3PO_4 导带，而 Ag_3PO_4 价带的空穴传输方向恰好相反，进而抑制光生电子-空穴对的复合，增强光催化性能及光稳定性。

Zhao 等采用原位沉淀法制备出 Ag_3PO_4/TiO_2 复合光催化剂，且 TiO_2 均匀分布在 Ag_3PO_4 表面，Ag_3PO_4/TiO_2 复合光催化剂对有机污染物的去除率高于纯 Ag_3PO_4，且复合物中 Ag_3PO_4 的光腐蚀也受到抑制。为进一步强化 Ag_3PO_4/TiO_2 复合物的光催化活性和稳定性，Teng 等引入单质 Ag 到 Ag_3PO_4/TiO_2 复合物中制备 $Ag/Ag_3PO_4/TiO_2$ 纳米管电极，$Ag/Ag_3PO_4/TiO_2$ 纳米管电极光电催化降解 2-邻氯苯酚的去除率高于 Ag_3PO_4/TiO_2 纳米管电极、Ag/TiO_2 纳米管电极和 TiO_2 纳米管电极。为便于光催化剂的回收，Xu 等合成一种具有磁性的 $Ag_3PO_4/TiO_2/Fe_3O_4$ 复合物光催化剂，它的稳定性和光催化活性都优于纯 Ag_3PO_4 和纯 TiO_2。为了降低 Ag_3PO_4 的溶解性，Chen 等采用原位离子交换制备出 Ag_3PO_4/AgI，此复合物在光催化过程中形成 "Z 桥" 系统，促使它的光催化性能和稳定性有显著提高。Guo 等采用沉淀＋离子交换的方法制备 $AgCl/Ag_3PO_4$，光催化性能得到提高，且光稳定性显著提高。制备高效的复合光催化剂时，不仅能带匹配很重要，光催化剂表面电荷的控制对吸附有机污染物也很重要。Guo 等将 Ag_3PO_4 原位沉淀到 $In(OH)_3$ 棒上制备 $Ag_3PO_4/In(OH)_3$，调节 $Ag_3PO_4 : In(OH)_3$ 的比例为 1.65 : 1.0 时，复合物的 Zeta 电位达到最负电位 $-60.20mV$，可以促进对阳离子罗丹明 B 的吸附，进而增强光催化性能。此外，表面形态控制也可以提高光催化性能，Li 等通过构建纳米结构和形态控制将 Ag_3PO_4 选择性沉积在 $BiVO_4$ 的 [040] 晶面上，由于 $BiVO_4$ 的 [040] 晶面活性高，复合物的光催化性能得到显著提高。Guo 等通过调节 $Sr_2Nb_2O_7$ 在 NH_3 中氮化的温度，调整 $Ag_3PO_4/$氮化 $Sr_2Nb_2O_7$ 复合物的电子结构及能带匹配，当 N 的含量为 2.42%（质量比）时，复合物的光催化性能最好。聚苯胺具有电导率高、光透明、电离电位低和电子亲和势高等性质，也被用来与 Ag_3PO_4 耦合制备高效的复合光催化剂。Bu 等将 Ag_3PO_4 原位沉积在聚苯胺表面制备 $PANI/Ag/Ag_3PO_4$，当聚苯胺含量为 20% 时，复合物的光催化活性最好，且光降解有机物的速率是纯 Ag_3PO_4 的 4 倍。为了进一步增强 Ag_3PO_4 的光稳定性，Liu 等采用化学吸附方法制备出具有核壳结构的 $Ag_3PO_4@PANI$ 复合光催化剂，不仅光催化活性高，而且光稳定性得到显著提高。

4.1　TiO_2/Ag_3PO_4 光催化剂

磷酸银为黄色粉末、无味，密度 $6.370g/cm^3$，熔点 849℃，溶于酸、氰化钾溶液和氨水，微溶于水和稀醋酸。加热或在日光照射下变为棕色。Ag_3PO_4 禁带宽度 $2.36\sim2.43eV$，具有体心立方结构，晶格参数为 6.004Å，由独立规则的 PO_4^{3-} 四面体（P-O 距离为 1.539Å）形成体心立方晶格，六个 Ag^+ 分布在 12 对相邻 PO_4^{3-} 四面体的对称点上，如图 4-1 所示。

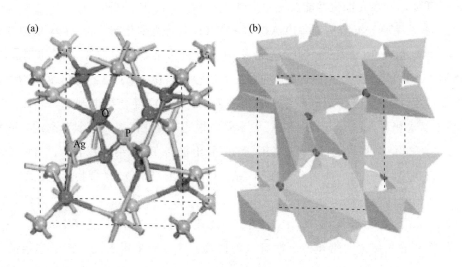

图 4-1　磷酸银的晶体结构

叶金花课题组首次将 Ag_3PO_4 应用于可见光分解水上，研究结果显示，Ag_3PO_4 禁带宽度为 2.43eV，吸收边界可达 530nm，能够吸收 $\lambda < 530nm$ 的紫外-可见光，在可见光下降解有机染料亚甲基蓝具有较强的可见光催化活性，当入射波长 $\lambda > 420nm$ 时，其量子效率高达 92%。截至目前，Ag_3PO_4 光催化材料的研究已取得相当大的进展，不同形貌的 Ag_3PO_4 颗粒（如四面体、立方体、菱形十二面体、四足类、二维树状结构等）已成功地通过各种技术来合成。但由于其光腐蚀，在光催化反应过程中易形成 Ag^0 沉淀于催化剂表面（$4Ag_3PO_4 + 6H_2O + 12h^+ + 12e^- \longrightarrow 12Ag^0 + 4H_3PO_4 + 3O_2$），$Ag_3PO_4$ 重复利用成为一个大难题。因此，减小 Ag_3PO_4 的光腐蚀，同时保证 Ag_3PO_4 良好的催化活性成为一种共性的认识。

传统光催化剂的代表二氧化钛，价格低廉、化学性质稳定、光学稳定性良好、抗光腐蚀能力强、光催化能力很强，能催化大部分的有机污染物，在光催化应用方面有很强的适应性。但是其带隙较宽（3.0~3.2eV），只对紫外光有响应，限制了其进一步的实际应用。通过阅读文献，我们发现将两种半导体材料复合，能有效改善彼此的光催化性能；复合后，光生电子和空穴对分离效果得到加强，使复合材料光催化活性加强。大量研究者致力于诸如 Bi_2O_3-Bi_2WO_6、TiO_2/Bi_2WO_6、$ZnO/CdSe$ 和 Ag_3PO_4/TiO_2 等异质结的研究。与单相光催化剂相比，异质结光催化剂通过耦合相匹配的电子结构材料扩展光响应范围，并且由于组分间的协同效应，电荷可以通过多种途径转移，进一步提高其光催化活性。

基于上述分析，合理设计并开发具有协同增强效应的 Ag_3PO_4 基半导体复合材料，改善其自身载流子复合的缺陷，有效提高其催化性能。本节先采用水热法制备出纳米 TiO_2，再在常温条件下沉积纳米 Ag_3PO_4，得到 TiO_2/Ag_3PO_4 复合材料，并以 RhB 染料和 TNT 为模拟底物测试 TiO_2/Ag_3PO_4 复合物的光催化活性。

4.1.1 TiO_2/Ag_3PO_4 光催化剂的制备

4.1.1.1 水热法制备纳米 TiO_2

将 0.4g P123 加入到含有 7.6mL 无水乙醇和 0.5mL 去离子水的混合溶液中，搅拌至 P123 完全溶解，得到澄清溶液标记为 A 溶液。然后配制含有 2.5mL 钛酸丁酯（TBOT）和 1.4mL 浓盐酸（浓度为 12mol/L）的混合溶液，标记为 B 溶液。将 B 溶液逐滴加入 A 溶液中，搅拌 30min 后，再向其中加入 32mL 乙二醇（EG），继续搅拌 30min。装入反应釜，140℃高温高压 24h。自然冷却后离心、洗涤，收集沉淀物，置于 80℃烘箱干燥 8h。将白色沉淀在不同温度（300℃、400℃、500℃）下放入马弗炉进行煅烧，分别标记为 TiO_2300、TiO_2400 和 TiO_2500 备用。

4.1.1.2 TiO_2/Ag_3PO_4 的制备

将 0.1g TiO_2 粉末加入到 30mL 含有 0.612g $AgNO_3$ 的溶液中，超声处理 30min，使 TiO_2 分散均匀。加入 30mL 含有 0.43g $Na_2HPO_4 \cdot 12H_2O$ 的溶液，室温条件下搅拌 120min。将沉淀离心分离，用去离子水和无水乙醇洗涤产物，收集沉淀物，并在 60℃条件下烘干。将所获得产物分别命名为 TiO_2300/Ag_3PO_4、TiO_2400/Ag_3PO_4、TiO_2500/Ag_3PO_4。在不加入 TiO_2 的情况下，使用与上述过程相同的条件制备了 Ag_3PO_4。

4.1.2 TiO_2/Ag_3PO_4 光催化剂的表征

4.1.2.1 XRD 分析

催化剂的物相结构、晶型采用 XRD 分析测定，所制备 TiO_2400、Ag_3PO_4、TiO_2/Ag_3PO_4、TiO_2300/Ag_3PO_4、TiO_2400/Ag_3PO_4、TiO_2500/Ag_3PO_4 催化剂的 XRD 谱图如图 4-2 所示。从图中可知：TiO_2400 具有锐钛矿二氧化钛晶相结构（JCPDS 卡片：71-1166）。Ag_3PO_4 的 XRD 图谱中，位于 20.9°、29.7°、33.3°、36.6°、47.9°、52.7°、55.1°、57.4°、61.7°、72.0°的衍射峰分别属于 Ag_3PO_4（JCPDS 卡片：70-0702）的（110）、（200）、（210）、（211）、（310）、（222）、（320）、（321）、（400）、（421）晶面的特征峰。所制复合光催化剂表现出与二氧化钛和磷酸银相一致的特征峰，并且复合物 TiO_2/Ag_3PO_4、TiO_2300/Ag_3PO_4、TiO_2400/Ag_3PO_4、TiO_2500/Ag_3PO_4 中二氧化钛特征峰 25.3°处，峰逐渐变强，与随着二氧化钛煅烧温度的升高，二氧化钛的结晶度不断上升相一致。

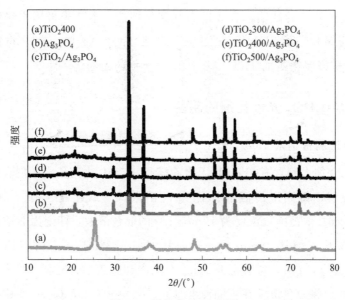

强度

(a)TiO₂400
(b)Ag₃PO₄
(c)TiO₂/Ag₃PO₄

(d)TiO₂300/Ag₃PO₄
(e)TiO₂400/Ag₃PO₄
(f)TiO₂500/Ag₃PO₄

图 4-2　样品的 XRD 图谱

4.1.2.2　形貌结构分析

图 4-3 是 TiO_2400、Ag_3PO_4、TiO_2400/Ag_3PO_4 催化剂的 SEM、TEM、HRTEM 和 EDX 图。图 4-3（a）是采用水热法制备的球状 TiO_2400 微纳米结构，直径范围为 $100\sim300nm$。图 4-3（b）是具有规则六面体结构的 Ag_3PO_4 晶体，其粒径范围为 $0.1\sim1.5\mu m$，并且具有较为光滑的表面。图 4-3（c）是复合后 TiO_2400/Ag_3PO_4 的 SEM 图，可以看出 TiO_2 纳米颗粒沉积在 Ag_3PO_4 的表面上。图 4-3（d）为 TiO_2400/Ag_3PO_4 的 TEM 图，可以看出 200nm 的纳米 TiO_2 粒子附着在 Ag_3PO_4 表面。图 4-3（e）为 TiO_2400/Ag_3PO_4 的 HRTEM，可以看出 TiO_2 颗粒与 Ag_3PO_4 紧密结合，且 TiO_2400 和 Ag_3PO_4 的晶格间距 d 分别为 0.3516nm、0.245nm，分别对应 TiO_2 的（101）晶面和 Ag_3PO_4 的（211）晶面。图 4-3（f）为 TiO_2400/Ag_3PO_4 的 EDX 图，可以看出样品由 Ti、O、Ag、P 四种元素组成，其中明显的 Cu 元素衍射峰由 TEM 样品制备时所用 Cu 网造成。EDX 结果证实了所制备的 TiO_2400/Ag_3PO_4 所对应的化学元素。综上所述，可以清晰地判定 TiO_2 呈颗粒状分散负载到 Ag_3PO_4 晶体表面，并具有良好的六面体形貌。

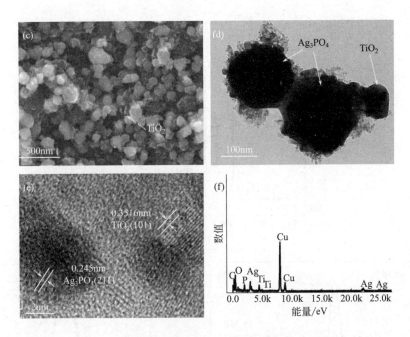

图 4-3　样品的 SEM 图及 TEM、HRTEM 和 EDX

4.1.2.3　XPS 分析

　　TiO_2 400/Ag_3PO_4 催化剂的 X 射线光电子能谱分析（XPS）结果如图 4-4 所示，图 4-4（a）为产物的全谱扫描图，从图中可以看出，产物中含有 Ti、O、Ag、P 和 C 五种元素，其中 C 为基底。图 4-4（b）为 Ag 3d 的发射光谱图，两个主要峰出现在 366.26eV 和 372.29eV 处，分别对应 Ag $3d_{5/2}$ 和 Ag $3d_{3/2}$ 的区域谱峰，说明在 TiO_2 400/Ag_3PO_4 光催化剂中 Ag 的主要存在方式是 Ag^+。图 4-4（c）为 P 2p 的 XPS 谱峰，131.62eV 对应于 PO_4^{3-} 结构中的 P^{5+}。图 4-4（d）为 Ti 2p 的 XPS 谱，457.43eV 和 464.58eV 处的峰，分别对应 Ti $2p_{3/2}$ 和 Ti $2p_{1/2}$。图 4-4（e）为 O 1s 的 XPS 图谱，整个峰可以分解为 528.9eV，530.2eV 和 532.1eV 三个特征峰，这三个特征峰中 528.9eV 和 530.2eV 处的峰分别对应于材料中 Ag_3PO_4 和 TiO_2 晶格中的氧，而 532.1eV 处的峰指示的是被吸附于材料表面的水分子或·OH 基团。XPS 分析的结果进一步证明了 Ag_3PO_4 与 TiO_2 发生了复合。

4.1.2.4　UV-vis-DRS 分析

　　图 4-5（a）是 TiO_2 400、Ag_3PO_4 和 TiO_2 400/Ag_3PO_4 催化剂的紫外-可见漫反射吸收光谱，从图中可以看出 TiO_2 400 和 Ag_3PO_4 光吸收截止波长分别为 400nm 和 500nm。而当 Ag_3PO_4 负载在 TiO_2 400 上之后，复合物的光吸收范围明显变宽，延伸到 500～700nm，说明 TiO_2 400/Ag_3PO_4 复合体系中 Ag_3PO_4 与 TiO_2 400 之间产生了相互作用，而其机理还有待进一步研究。

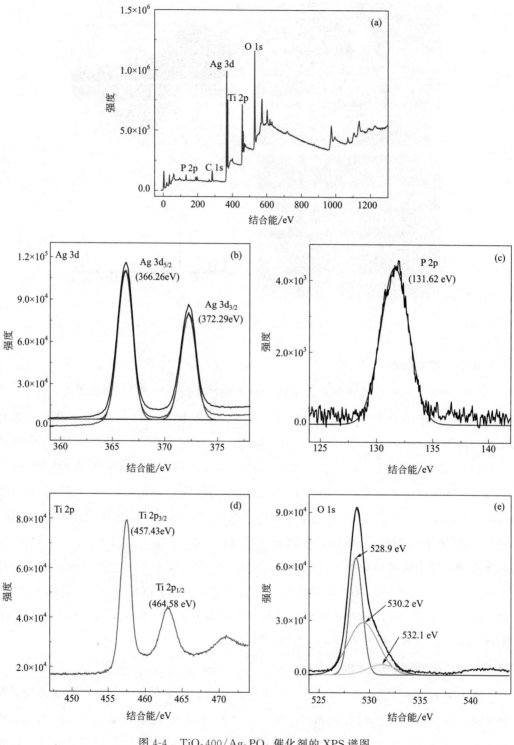

图 4-4　$TiO_2 400/Ag_3PO_4$ 催化剂的 XPS 谱图

（a）全谱图，（b）Ag 3d，（c）P 2p，（d）Ti 2p，（e）O 1s

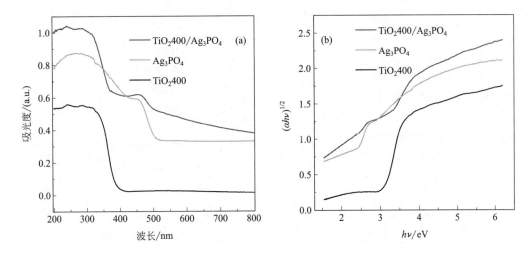

图 4-5　样品的吸收光谱

根据 Kubelka-Munk 公式计算 Ag_3PO_4、TiO_2400 和 TiO_2400/Ag_3PO_4 催化剂的禁带宽度。锐钛矿 TiO_2 和 Ag_3PO_4 都为间接带隙半导体，因此 n 取 2。

图 4-5(b) 为 Ag_3PO_4、TiO_2400 和 TiO_2400/Ag_3PO_4 催化剂带隙能量的 $(ah\nu)^{1/2}$ 与能量 $(h\nu)$ 的关系图，其禁带宽度分别为 2.45eV、3.1eV 和 2.75eV。这也进一步证明了 TiO_2400/Ag_3PO_4 具有适合的带隙宽度和对可见光的捕获能力，是一种很好的可见光催化剂。

4.1.3　TiO_2/Ag_3PO_4 光催化剂的性能研究

图 4-6(a) 为 TiO_2400、Ag_3PO_4、TiO_2300/Ag_3PO_4、TiO_2400/Ag_3PO_4、TiO_2500/Ag_3PO_4 光催化降解 RhB 过程。结果显示，纯的 TiO_2400 光催化效果最差，在 25min 内光催化降解率仅为 30%。纯相 Ag_3PO_4 在光照 25min 后，光催化降解效率为 69%。而 TiO_2300/Ag_3PO_4 在 25min 后，光催化降解率达到 40%。TiO_2500/Ag_3PO_4 在光照 25min 后，光催化降解率为 80%。TiO_2400/Ag_3PO_4 的光催化效果最好，在光照 25min 后光催化降解率几乎达到 100%。该实验结果表明，TiO_2 能够有效提升 Ag_3PO_4 光催化剂的光催化降解性能。

图 4-6(b) 研究了上述催化剂光催化反应的动力学模型，光催化降解 RhB 的反应遵循伪一级反应动力学模型。如表 4-1 所示，对曲线进行线性拟合后计算各样品光催化降解反应的 k 值，得到 TiO_2400、Ag_3PO_4、TiO_2300/Ag_3PO_4、TiO_2400/Ag_3PO_4、TiO_2500/Ag_3PO_4 的反应速率常数分别为 $0.00345min^{-1}$，$0.01148min^{-1}$，$0.00525min^{-1}$，$0.02286min^{-1}$，$0.01513min^{-1}$。其中，TiO_2400/Ag_3PO_4 反应速率常数最大，为 $0.02286min^{-1}$，约是 Ag_3PO_4 的 2 倍，约是 TiO_2400 的 6.6 倍。这说明采用 Ag_3PO_4 与 TiO_2 进行复合，能够提高 Ag_3PO_4 的光催化活性。

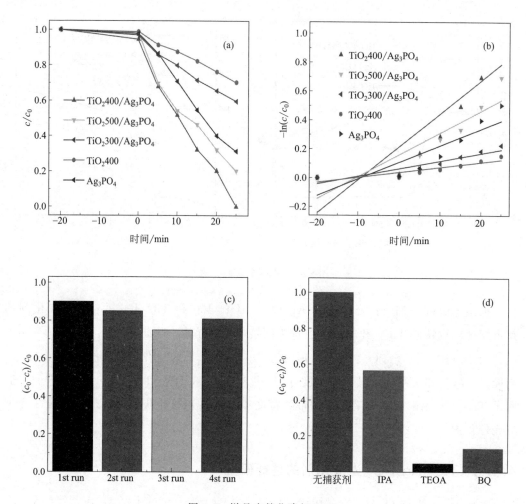

图 4-6 样品光催化降解 RhB

（a）可见光条件下不同催化剂对光催化降解 RhB 的影响；（b）不同催化剂对光催化降解
RhB 一级动力学拟合；（c）循环降解 RhB 的性能；（d）自由基捕获实验

表 4-1 光催化降解过程的动力学模拟

催化剂	k/min^{-1}	回归方程	R^2
$\mathrm{TiO_2400/Ag_3PO_4}$	0.02286	$-\ln(c/c_0)=0.02286x+0.21496$	$R^2=0.68755$
$\mathrm{TiO_2500/Ag_3PO_4}$	0.01513	$-\ln(c/c_0)=0.01513x+0.15984$	$R^2=0.753$
$\mathrm{Ag_3PO_4}$	0.01148	$-\ln(c/c_0)=0.01148x+0.1079$	$R^2=0.71128$
$\mathrm{TiO_2300/Ag_3PO_4}$	0.00525	$-\ln(c/c_0)=0.00525x+0.06354$	$R^2=0.82635$
$\mathrm{TiO_2400}$	0.00345	$-\ln(c/c_0)=0.00345x+0.0383$	$R^2=0.78461$

图 4-6(c) 为 $\mathrm{TiO_2400/Ag_3PO_4}$ 循环使用 4 次降解 RhB 溶液的稳定性测试结果，
$\mathrm{TiO_2400/Ag_3PO_4}$ 的降解效果在 4 次循环使用中表现出良好的稳定性，并且在第 4 次
循环实验中 $\mathrm{TiO_2400/Ag_3PO_4}$ 的降解效果略微增加，这可能是由于 $\mathrm{Ag_3PO_4}$ 与 $\mathrm{TiO_2}$
形成复合材料，加快光生电子-空穴对转移，以及 $\mathrm{Ag_3PO_4}$ 在光催化过程中原位生成少

量 Ag 单质，抑制进一步光腐蚀。

图 4-6(d) 展示了不同的捕获因子对 TiO_2/Ag_3PO_4 光催化降解 RhB 反应速率的影响。从图中可以看出，加入 IPA 后，RhB 的降解率部分减少。而加入 BQ 和 TEOA 后，RhB 的降解程度大幅度降低，甚至接近于 0。因此，我们可以推断：在 TiO_2/Ag_3PO_4 光催化降解 RhB 过程中，起最主要光催化降解作用的是空穴（h^+）和超氧负离子（$O_2^{\cdot-}$），羟基自由基（·OH）起部分降解作用。

综合考虑自由基捕获实验和光降解实验，TiO_2/Ag_3PO_4 光催化降解 RhB 反应过程可能遵循 Z 型光催化降解机理，如图 4-7。Ag_3PO_4 的禁带宽度为 2.45eV，其导带和价带能级分别为 0.45eV 和 2.9eV（vs. NHE）。在可见光照射下，Ag_3PO_4 被能量大于其禁带宽度的光子激发产生光生电子-空穴对。随后留在 Ag_3PO_4 价带上的空穴转移到 TiO_2 的价带上，并直接对吸附在其表面上的 RhB 进行氧化分解。同时，由于 Ag_3PO_4 光生空穴的能量（2.9eV）高于 $OH^-/\cdot OH$ 的反应势能 $[E(OH^-/\cdot OH)=1.99eV$ (vs. NHE)]，在光生空穴的迁移过程中，吸附在复合物表面的 H_2O 和 OH^- 也可被氧化生成·OH，具有强氧化性的·OH 进一步氧化降解污染物。但是 Ag_3PO_4 的导带电位是 0.45eV，其光生电子的能量是 0.45eV，而 $O_2^{\cdot-}$ 的活化能是 $E(O_2/O_2^{\cdot-})=$ 0.13eV (vs. NHE)，Ag_3PO_4 导带上产生的光生电子不能被其中的溶解氧捕获。光生电子堆积在 Ag_3PO_4 导带上，会引起 Ag_3PO_4 光催化剂的光腐蚀而形成少量 Ag 纳米颗粒。形成的 Ag 纳米粒子在可见光照射下吸收光子后由于等离子体效应也可以被激发形成光生电子-空穴对，Ag 纳米粒子上形成的光生电子会进一步转移到 TiO_2 的导带上，从而被吸附在其表面上的溶解 O_2 捕获产生 $O_2^{\cdot-}$。Ag 纳米颗粒吸收可见光光子后形成的光生空穴被留在 Ag 纳米颗粒的价带上与 Ag_3PO_4 导带上产生的光生电子复合，从而

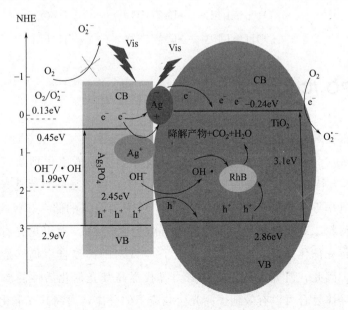

图 4-7 TiO_2/Ag_3PO_4 降解机理示意图

阻止了 Ag_3PO_4 光催化剂的进一步腐蚀。由于 TiO_2 的带隙宽度为 3.1eV，TiO_2 的导带和价带能级分别为 $-0.24eV$ 和 $2.86eV(vs. NHE)$，在可见光下不能被激发，Ag 纳米粒子上的光生电子转移到 TiO_2 导带并参与目标污染物的降解，这主要是由于其光生电子的能量 $-0.24eV(vs. NHE)$ 更负于 $O_2/O_2^{\cdot-}$ 的反应势能 $[E(O_2/O_2^{\cdot-})=0.13eV (vs. NHE)]$。该结果与猝灭实验结果一致，在 TiO_2/Ag_3PO_4 光催化降解过程中，主要活性因子为空穴（h^+）和超氧负离子（$O_2^{\cdot-}$），羟基自由基（$\cdot OH$）起部分降解作用。

基于上述研究结果，TiO_2/Ag_3PO_4 光催化反应过程中污染物的降解途径用化学方程式概括如下：

(1) 光生空穴-电子对的产生

$$Ag_3PO_4 + h\nu \longrightarrow Ag_3PO_4(e^-) + Ag_3PO_4(h^+)$$
$$Ag^+ + Ag_3PO_4(e^-) \longrightarrow Ag + Ag_3PO_4$$
$$Ag + h\nu \longrightarrow Ag(e^-) + Ag(h^+)$$

(2) 光生电子-空穴对的迁移转化

$$Ag_3PO_4(h^+) + TiO_2 \longrightarrow TiO_2(h^+) + Ag_3PO_4$$
$$Ag_3PO_4(e^-) + Ag(h^+) \longrightarrow Ag + Ag_3PO_4$$
$$Ag(e^-) + TiO_2 \longrightarrow TiO_2(e^-) + Ag$$
$$TiO_2(e^-) + O_2 \longrightarrow O_2^{\cdot-} + TiO_2$$
$$Ag_3PO_4(h^+) + OH^- \longrightarrow \cdot OH + Ag_3PO_4$$

(3) 污染物的降解

$$TiO_2(h^+) + RhB \longrightarrow 降解产物 + CO_2 + H_2O$$
$$O_2^{\cdot-} + RhB \longrightarrow 降解产物 + CO_2 + H_2O$$
$$\cdot OH + RhB \longrightarrow 降解产物 + CO_2 + H_2O + Cl^-$$

4.2 Ag_3PO_4/CeO_2 光催化剂

半导体光催化剂因其在利用丰富的太阳能解决储能和环境安全方面的潜在应用价值而引起了广泛关注。在众多光催化材料中，氧化铈属于立方氟化钙萤石晶体结构，是 n 型半导体，具有特殊的电子轨道结构、独特的光学性能、强的吸附选择性、良好的热稳定性和高导电率等特点。作为一种光催化剂，它具有良好的储存和释放氧的能力。与传统的光催化材料二氧化钛相比，氧化铈的带隙为 2.92eV，对可见光有响应，在阳光下可以直接进行光催化降解。然而，光生电子-空穴对的高复合率仍然是限制其实际应用的主要因素。因此，研究人员一直在努力寻找提高其光催化活性的新策略。研究发现，与其他半导体复合可以有效地提高光生载流子的分离，提高其光催化性能。到目前为止，已经报道了各种具有可见光响应的 CeO_2 基复合材料，如 $ZnO\text{-}CeO_2$、$CeO_2/$

TiO_2、$CeO_2/g\text{-}C_3N_4$。异质结光催化剂扩大了光响应范围，增加了吸收强度。由于组分之间的协同作用，电荷可以通过多种方式转移，以提高电荷分离的效率。然而，低光子吸收效率仍然是 CeO_2 基复合材料实际应用的主要障碍。因此，寻找一种合适的光敏剂来制备 CeO_2 基复合材料是当务之急。

自 Ye 等人在 2010 年报道磷酸银可见光降解污染物的工作以来，磷酸银光催化剂得到了广泛的研究。该光催化剂带隙为 2.36eV。在可见光照射下，它具有很强的光催化分解能力，其量子效率达到 90%，远高于其他金属氧化物。然而，磷酸银在光催化反应过程中容易受到光电子腐蚀的影响，这限制了其实际应用。为此，研究人员使用多种方法来解决这个问题，如通过设计各种不同形态的磷酸银纳米结构，或通过将磷酸银与其他半导体结合，如 Ag_3PO_4/TiO_2、AgX/Ag_3PO_4（$X=Cl,Br,I$）。结果表明，磷酸银与其他半导体的结合可以改善其自身的载流子复合物的缺陷，设计出一种更稳定的复合光催化剂。

在此基础上，本文采用水热法制备纳米 CeO_2，然后在室温下原位沉积纳米 Ag_3PO_4，得到 Ag_3PO_4/CeO_2 复合光催化剂。

4.2.1　Ag_3PO_4/CeO_2 光催化剂的制备

4.2.1.1　CeO_2 的制备

将 1.74g $Ce(NO_3)_3 \cdot 6H_2O$ 加入 40mL 去离子水中，搅拌 30min。然后快速加入 20mL（1mol/L）的氢氧化钠溶液，用力搅拌 1h，置于 180℃ 的高压反应器中搅拌 18h。混合物通过自然冷却分离，洗涤，收集沉淀物并在 60℃ 的烘箱中干燥 24h。沉淀物在马弗炉中以 5℃/min 的速率加热至 300C，并煅烧 4h。冷却至室温后，取出并研磨，得到黄色的氧化铈粉末。

4.2.1.2　Ag_3PO_4/CeO_2 的制备

将 0.1g 氧化铈粉末加入 30mL 含有 0.612g 硝酸银的溶液中，超声 30min 使其均匀分散。加入 30mL 含有 0.43g $Na_2HPO_4 \cdot 12H_2O$ 的溶液，在室温下搅拌 120min。离心沉淀，用超纯水和无水乙醇洗涤产物，收集沉淀，在 60℃ 烘箱中干燥，得到 $n(Ag_3PO_4):n(CeO_2)=2:1$ 的 Ag_3PO_4/CeO_2 复合物材料，命名为 2:1 Ag_3PO_4/CeO_2。在保持氧化铈质量的同时，增加硝酸银和磷酸氢二钠，并将制成的 Ag_3PO_4/CeO_2 复合材料命名为 3:1 Ag_3PO_4/CeO_2 和 4:1 Ag_3PO_4/CeO_2 复合材料。磷酸银是在相同的上述条件下制备的。

4.2.2　Ag_3PO_4/CeO_2 光催化剂的表征

4.2.2.1　XRD 分析

图 4-8 为制备的 Ag_3PO_4/CeO_2、2:1 Ag_3PO_4/CeO_2、3:1 Ag_3PO_4/CeO_2、4:1

Ag_3PO_4/CeO_2 催化剂的 XRD 光谱。从图中可以看出，在磷酸银的 XRD 光谱中，磷酸银在 $20.9°$、$29.7°$、$33.3°$、$36.6°$、$47.9°$、$52.7°$、$55.1°$、$57.4°$、$61.7°$、$72.0°$ 处的峰属于磷酸银 JCPDS 卡片：70-0702 的（110）（200）、（210）、（211）、（310）、（222）、（320）、（321）、（400）、（421）晶体面的特征峰。对于单体氧化铈，在 $28.5°$、$33.1°$、$47.5°$ 和 $56.3°$ 处观察到主衍射峰，这些衍射峰分别与氧化铈的晶面（111）（200）、（220）和（311）相匹配。合成的复合光催化剂具有与氧化铈和磷酸银一致的特征峰。在复合光催化剂中，随着复合材料中磷酸银含量的增加，氧化铈的特征峰（111）的峰强度逐渐降低。

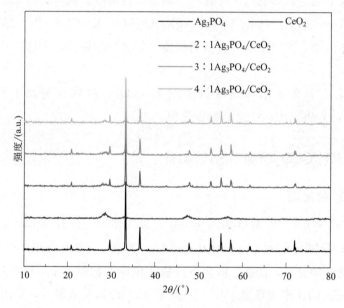

图 4-8　Ag_3PO_4/CeO_2 样品的 XRD 图谱

4.2.2.2　形貌结构分析

图 4-9 为 CeO_2、Ag_3PO_4、Ag_3PO_4/CeO_2 催化剂的 SEM、TEM、HRTEM、SAED 和 EDX 图。图 4-9(a) 为水热法制备的大块纳米 CeO_2。在图 4-9(b) 中可以观察到粒径为 $0.5\sim1\mu m$ 的规则六面体结构磷酸银晶体。图 4-9(c) 显示了复合材料 Ag_3PO_4/CeO_2 的扫描电镜图像，可以看到氧化铈纳米颗粒沉积在磷酸银表面。图 4-9(d) 为 Ag_3PO_4/CeO_2 的透射电镜图像，从图 4-9(e) 中可以看出，100nm 的纳米 CeO_2 粒子附着在磷酸银的表面。图 4-9(e) 为 Ag_3PO_4/CeO_2 的 HRTEM。氧化铈粒子与磷酸银紧密键合，氧化铈和磷酸银的晶格间距 d 分别为 0.3125nm 和 0.269nm，分别对应于氧化铈的（111）晶面和磷酸银的（210）晶面。图 4-9(f) 为 Ag_3PO_4/CeO_2 的 SAED 值，Ag_3PO_4/CeO_2 的明亮衍射环表明它是多晶的。此外，在图 4-9(f) 中可以清楚地看到，两个晶面的晶格间距分别为 0.3125nm 和 0.269nm，这与高分辨率透射电镜的结果一致。图 4-9(g) 为 Ag_3PO_4/CeO_2 的 EDX 图。

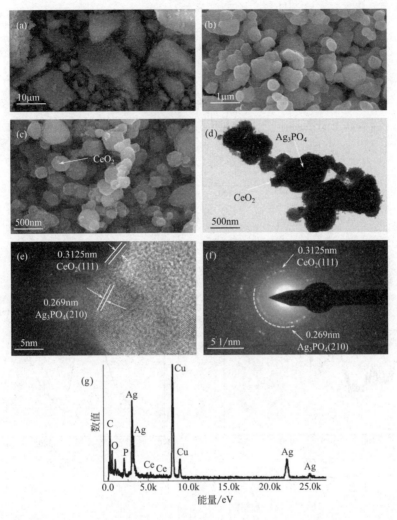

图 4-9 样品的 SEM、TEM、HRTEM、SAED 和 EDX

4.2.2.3 XPS 分析

为了研究 Ag_3PO_4/CeO_2 的表面化学状态，我们使用 XPS 技术分析了其在图 4-10 中的表面化学状态。图 4-10（a）为 Ag_3PO_4/CeO_2 复合材料的光电子能谱全光谱扫描。图 4-10（b）为样品 Ce 3d 的 XPS 谱，氧化铈的 Ce 3d XPS 谱的峰，分别对应于 Ce $3d_{5/2}$ 和 Ce $3d_{3/2}$。图 4-10（c）为 Ag 3d 的发射光谱。峰值出现在 376.5eV 和 382.4eV 处，分别与 Ag $3d_{5/2}$ 和 Ag $3d_{3/2}$ 相匹配。

4.2.2.4 UV-vis-DRS 分析

图 4-11 显示了氧化铈、磷酸银、2∶1 Ag_3PO_4/CeO_2、3∶1 Ag_3PO_4/CeO_2、4∶1 Ag_3PO_4/CeO_2 催化剂的紫外-可见漫反射光谱。从图中可知，氧化铈和磷酸银的截止波长分别为 475nm 和 500nm。当磷酸银与氧化铈相复合时，光吸收范围变宽，波长内的光吸收强度增强。其中，3∶1 Ag_3PO_4/CeO_2 的光吸收效应最好，说明 $Ag_3PO_4/$

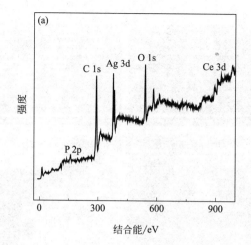

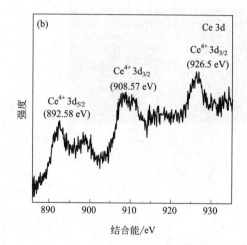

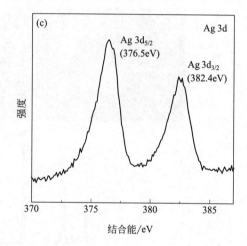

图 4-10　Ag_3PO_4/CeO_2 的 XPS 光谱

（a）全谱图，（b）Ce 3d，（c）Ag 3d

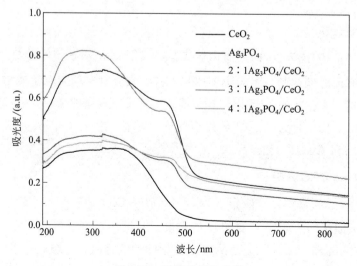

图 4-11　样品的吸收光谱

CeO_2 复合体系中磷酸银与氧化铈存在相互作用，其作用机理有待进一步研究。

4.2.3　Ag_3PO_4/CeO_2 光催化剂的性能研究

采用紫外-可见全波长扫描法在图 4-12（a）中分析了 $3:1Ag_3PO_4/CeO_2$ 光催化降解过程中罗丹明 B 分子的变化。随着反应时间的推移，罗丹明 B 在 553nm 处的特征峰的峰强度逐渐减弱。光照 36min 后，553nm 处的峰逐渐减弱并消失，说明罗丹明 B 染料的偶氮结构已被完全清除。

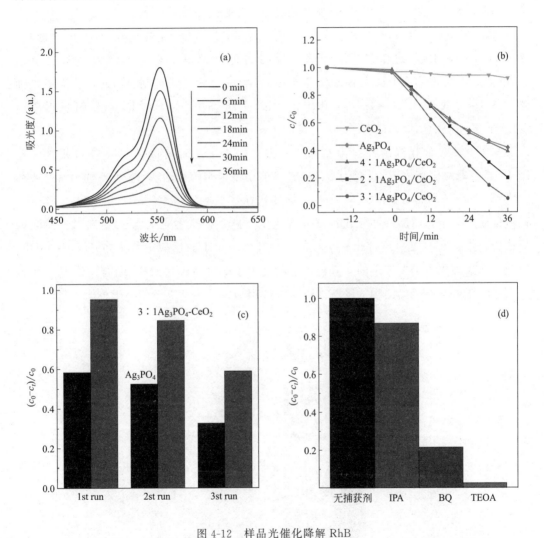

图 4-12　样品光催化降解 RhB

（a）Ag_3PO_4/CeO_2 降解 RhB 的可见光扫描；（b）不同催化剂对可见光下 RhB 光催化降解的
影响；（c）Ag_3PO_4 和 Ag_3PO_4/CeO_2 循环运行对 RhB 的降解；（d）自由基捕获实验

图 4-12（b）显示了不同催化剂氧化铈、磷酸银、$2:1$ Ag_3PO_4/CeO_2、$3:1$
Ag_3PO_4/CeO_2、$4:1$ Ag_3PO_4/CeO_2 对 RhB 的降解效果。结果表明，在 36min 范围

内，纯 CeO_2 的光催化降解率最差，只有 9%。磷酸银、2∶1 Ag_3PO_4/CeO_2、4∶1 Ag_3PO_4/CeO_2 在 36min 下的光催化降解率分别为 59%、80% 和 61%。3∶1 Ag_3PO_4/CeO_2 催化剂的催化效果最好。在 36min 中，光催化降解率达到 95%，是纯 Ag_3PO_4 的 1.6 倍。结果表明，氧化铈能明显提高 Ag_3PO_4 光催化剂的光催化降解性能。

图 4-12(c) 为 Ag_3PO_4 和 3∶1 Ag_3PO_4/CeO_2 回收 3 次的稳定性试验结果。从图中可以看出，经过三次回收后，磷酸银对 RhB 的降解率只有 32%，而 3∶1 Ag_3PO_4/CeO_2 对 RhB 的降解率为 59%，表明氧化铈和磷酸银的结合可以提高光催化剂的稳定性。因此，经过三次回收后，复合材料仍具有良好的光催化降解性能。

图 4-12(d) 显示了不同捕获剂对 3∶1 Ag_3PO_4/CeO_2 光催化降解 RhB 的影响。IPA 的加入对 RhB 的降解影响不大，说明在降解过程中几乎不产生羟基自由基（·OH）。在反应体系中加入 BQ 和 TEOA，光催化过程明显抑制。因此，我们可以推测，在 3∶1 Ag_3PO_4/CeO_2 光催化降解 RhB 的过程中，空穴（h^+）和超氧阴离子（$O_2^{·-}$）是主要的活性物质。

基于上述光催化降解和自由基捕集实验，提出了一种可能的 Z 型反应机理（见图 4-13）。磷酸银的禁带宽度为 2.45eV，价带和导带宽度水平分别为约 0.45eV 和 2.9eV。氧化铈的禁带宽度为 2.81eV，价带和导带水平分别为 -0.335eV 和 2.475eV。在可见光照射下，磷酸银和氧化铈都能发生电子跃迁，产生光生电子-空穴对。磷酸银形成的光生空穴的能量约为 2.9eV，大于 $OH^-/·OH$ 的反应电势 $E(OH^-/·OH)$。因此，在磷酸银价带上产生的空穴可以与溶液中水电离形成的 OH^- 结合，形成 ·OH，从而进一步参与有机污染物的降解。由于磷酸银形成的光生电子能小于单电子氧的活化

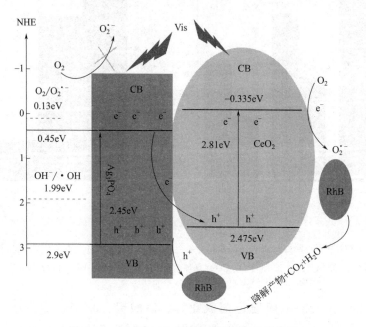

图 4-13　Ag_3PO_4/CeO_2 的光催化机理示意图

能$E(O_2/O_2^{\cdot-})$，因此在导带上产生的光生电子不能被溶解氧捕获。由于反应势能低于$E(OH^-/\cdot OH)$，因此在价带上形成的光生空穴不能形成OH^-。磷酸银导带上积压的光生电子可以与氧化铈价带上积累的光生空穴重组，进一步提高Ag_3PO_4/CeO_2复合光生电子-空穴对的分离效率，从而提高其光催化效率。

4.3　Bi_2MoO_6/Ag_3PO_4光催化剂

目前，全球环境安全形势依然严峻，新的挑战不断出现。半导体光催化技术为解决全球环境问题提供了一种新的思路。在该技术研究的初期，二氧化钛已经成为最受关注的光催化剂，但其带隙很宽，不能有效地利用阳光。为了充分利用阳光这一种清洁能源，研究人员继续探索新的光催化剂，如$BiOCl$、Bi_2MoO_6、Bi_4MoO_9、$BiVO_4$、$C@TiO_2$、$BiOBr$等。新的光催化剂空穴价带有强氧化性，所以光生电子（e^-）和空穴（h^+）可以有效地隔离。而磷酸银在光催化反应中容易发生光腐蚀，容易分解为Ag^0和PO_4^{3-}，从而降低了光催化剂的活性和稳定性。为了提高磷酸银的光催化稳定性和活性，研究人员将其与其他半导体复合，利用其匹配的能带结构快速分离光生电子-空穴对，从而延长载流子寿命，提高性能。Gu等研究了中空壳状$ZnSn(OH)_6$对亚甲基蓝光降解的形态调节，阐述了水热时间、温度、pH和表面活性剂对亚甲基蓝（MB）染料微形态和光催化降解的影响，提出了一种壳状空心ZSO纳米立方体的生长机理，并结合扫描电镜和透射电镜图像，将其生长归因于碱的蚀刻效应。光生载流子通过中空壳结构对载波的空间方向分离，低带隙导致的高载流子分离效率，以及中空壳结构内入射光的多次反射和吸收，是污染物光催化剂光降解的主要机制。

本研究采用简单溶剂热技术合成纳米片组装的花状Bi_2MoO_6，并采用原位化学沉淀技术将磷酸银支撑在Bi_2MoO_6表面，得到Bi_2MoO_6/Ag_3PO_4复合光催化剂。以罗丹明B（RhB）为模拟污染物，研究了可见光下Bi_2MoO_6/Ag_3PO_4的催化活性，探讨了光催化性能增强的机理，对Bi_2MoO_6/Ag_3PO_4进行了表征，评价了可见光下降解RhB的光催化性能和一致性。

4.3.1　Bi_2MoO_6/Ag_3PO_4光催化剂的制备

4.3.1.1　Bi_2MoO_6的合成

采用溶剂热法合成了纳米片组装的花状Bi_2MoO_6（见图4-14）。将$2mol\ Bi(NO_3)_3 \cdot 5H_2O$和$1mol\ (NH_4)_6Mo_7O_{24} \cdot 4H_2O$溶解在10mL乙二醇中，用磁力搅拌10min。然后，加入30mL乙醇，均匀混合，装入反应器，放入烘箱，以160℃加热12h。冷却后，室温离心，得到的产物用去离子水洗涤，然后用无水乙醇冲洗，60℃干燥后收集最终产物。将上述产物在400℃下煅烧1h，最终得到纯产物Bi_2MoO_6。

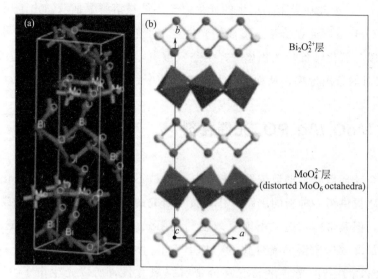

图 4-14　（a）Bi_2MoO_6 的结构模型，（b）Bi_2MoO_6 结构沿 c 轴的投影图

4.3.1.2　Bi_2MoO_6/Ag_3PO_4 的制备

将一定质量的 Bi_2MoO_6 粉末（分别为 0.1g、0.2g 和 0.3g）加入 30mL 含有 0.612g 硝酸银的溶液中，超声 30min，使 Bi_2MoO_6 均匀分散。缓慢加入 30mL 含 0.43g $Na_2HPO_4 \cdot 12H_2O$ 的溶液，搅拌 2h。离心，沉积物在室温下用去离子水清洗，然后用无水乙醇冲洗，最终产品收集在 60℃ 烘箱中干燥后，催化剂按照其 Bi_2MoO_6 含量，分别标记为 $0.1Bi_2MoO_6$、$0.2Bi_2MoO_6$ 和 $0.3Bi_2MoO_6$。纯磷酸银的制备不需要添加 Bi_2MoO_6，其余条件与上述条件相同。

4.3.2　Bi_2MoO_6/Ag_3PO_4 光催化剂的表征

4.3.2.1　XRD 分析

合成的纯磷酸银、纯 Bi_2MoO_6、$0.1Bi_2MoO_6/Ag_3PO_4$、$0.2Bi_2MoO_6/Ag_3PO_4$ 和 $0.3Bi_2MoO_6/Ag_3PO_4$ 催化剂的 XRD 光谱如图 4-15 所示。从图中可知，Bi_2MoO_6 的 XRD 光谱中，23.5°、28.3°、32.6°、33.1°、47.1°、55.6°、56.4° 和 58.4° 属于（111）、131、（002）、（060）、（260）、（133）、（082）和（262）晶面的特征峰，说明成功合成了 Bi_2MoO_6。根据磷酸银的标准卡片（JCPDS 卡片：70-0702），磷酸银催化剂的 XRD 光谱的 20.9°、29.7°、33.3°、36.6°、47.9°、52.8°、55.1°、57.4°、61.7° 和 72.0° 分别对应立方晶体磷酸银（110）、（200）、（210）、（211）、（310）、（222）、（321）、（401）、（400）和（421）的晶面。在 Bi_2MoO_6/Ag_3PO_4 的 XRD 光谱中，随着 Bi_2MoO_6 使用量的增加，属于 Ag_3PO_4 的 47.9° 处的特征衍射峰变得越来越弱。在 Bi_2MoO_6/Ag_3PO_4 的 XRD 图谱中没有观察到金属银的独立衍射峰，造成上述结果可能是银含量低和高分散性。

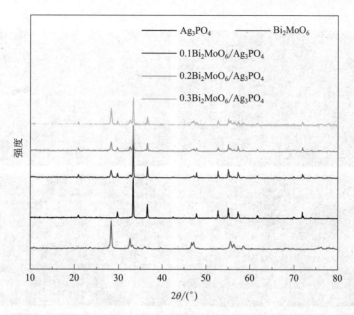

图 4-15　样品的 XRD 光谱

4.3.2.2　形貌结构分析

图 4-16 展示了纯 Ag_3PO_4、纯 Bi_2MoO_6 和 $0.1Bi_2MoO_6/Ag_3PO_4$ 催化剂的结构分析结果，图 4-16(a) 和图 4-16(b) 为纯 Bi_2MoO_6 样品的扫描电镜图像，其形态主要是由纳米片聚集的层状小花（直径 1～3μm）。图 4-16(c) 为磷酸银晶体的六面体结构，粒径为 0.5～1μm。复合材料 $0.1Bi_2MoO_6/Ag_3PO_4$ 的扫描电镜图像如图 4-16(d) 和图 4-16(e) 所示。Bi_2MoO_6 粒子沉积在磷酸银的表面上，形成相对均匀的球形纳米复合材料。在 $0.1Bi_2MoO_6/Ag_3PO_4$ 的 TEM 图像中［图 4-16(f)］可以看到，Bi_2MoO_6 纳米颗粒附着在磷酸银的表面上。图 4-16(g) 为 $0.1Bi_2MoO_6/Ag_3PO_4$ 的 HRTEM 图像，显示晶格间距为 0.274nm 和 0.269nm，分别与纯 Bi_2MoO_6 的（002）晶面和磷酸银（210）晶体平面匹配。图 4-16(h) 显示了 $0.1Bi_2MoO_6/Ag_3PO_4$ 的 SAED 结果，可以看到图中 $0.1Bi_2MoO_6/Ag_3PO_4$ 的明亮衍射环，这意味着 $0.1Bi_2MoO_6/Ag_3PO_4$ 的多晶特性。

4.3.2.3　XPS 分析

如图 4-17 所示，用 XPS 法研究了 Bi_2MoO_6/Ag_3PO_4 的表面化学状态。图 4-17(a) 显示了新鲜 Bi_2MoO_6/Ag_3PO_4 复合材料的全谱。在全谱中记录了 Bi、Mo、O、Ag、P 和 C 六种元素，以 C 元素为基质，即 Bi_2MoO_6 和 Ag_3PO_4 共存。根据图 4-17(b) 中 $0.1Bi_2MoO_6/Ag_3PO_4$ 的 Ag 3d XPS 峰值，纯 $0.1Bi_2MoO_6/Ag_3PO_4$ 在 367.95eV 下的 Ag 3d 谱对应于 Ag $3d_{5/2}$，纯 $0.1Bi_2MoO_6/Ag_3PO_4$ 在 373.95eV 下的 Ag 3d 谱对应于 Ag $3d_{3/2}$。因此，在 $0.1Bi_2MoO_6/Ag_3PO_4$ 光催化剂中，Ag 主要以 Ag^+. 的形式存在。从图 4-17(b) 中可以看出，Ag $3d_{5/2}$ 有两个不同的峰，分别为 367.8eV 和

图 4-16　样品的 SEM、TEM、HRTEM、SAED 和 EDX

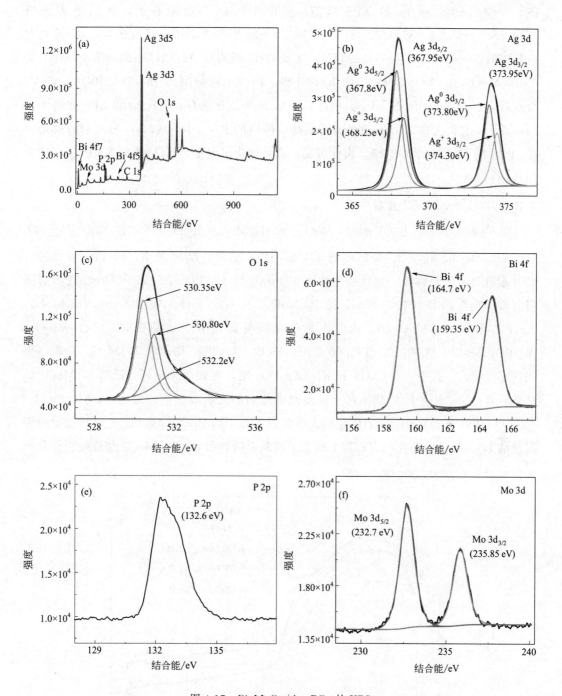

图 4-17 Bi_2MoO_6/Ag_3PO_4 的 XPS

（a）全谱图，（b）Ag 3d 图，（c）O 1s 图，（d）Bi 4f 图，（e）P 2p 图；（f）Mo 3d 图

368.25eV，Ag3d3/2 也有两个不同的峰，分别为 373.8eV 和 374.3eV。此外，367.8eV 和 373.8eV 的峰归于 Ag0，368.25eV，374.3eV 的峰均归于 Ag^+。因此，在光催化过程中，将 Ag^+ 的一个斑点转化为金属 Ag，这与 XRD 的研究结果一致。

图 4-17（c）显示 O 1s 的 XPS 峰值，从图中可以清楚地看到，有三个多态峰（530.35eV，530.80eV 和 532.2eV）构成了 O 1s XPS 光谱图，峰值在 530.35eV 处对应氧磷酸银峰值在 533.3eV 处的峰显示水或 OH^- 吸附在 Ag_3PO_4 表面。图 4-17（d）为 $0.1Bi_2MoO_6/Ag_3PO_4$ 的 Bi 4f 的 XPS 分析，两个主峰分别为 164.7eV 和 159.35eV，分别对应于 Br $3d_{5/2}$ 和 Br $3d_{3/2}$。因此，Bi 以 Bi^{3+} 氧化态存在。P 2p 的 XPS 如图 4-17（e）所示，它代表在 132.6eV 时的磷酸盐结构中的 P^{5+}。图 4-17（f）为 $0.1Bi_2MoO_6/Ag_3PO_4$ 的 Mo 3d 的 XPS 峰。由此可见，在光催化过程中，Bi_2MoO_6/Ag_3PO_4 转化为 $Bi_2MoO_6/Ag@Ag_3PO_4$。

4.3.2.4 UV-vis-DRS 分析

图 4-18 是纯 Ag_3PO_4、纯 Bi_2MoO_6、$0.1Bi_2MoO_6/Ag_3PO_4$、$0.2Bi_2MoO_6/Ag_3PO_4$ 和 $0.3Bi_2MoO_6/Ag_3PO_4$ 催化剂的 UV-vis-DRS 结果。结果表明，纯 Bi^{2+} 在 230～430nm 处具有强吸收峰，吸收边界约为 463nm；纯 Ag_3PO_4 在 240～500nm 处具有强吸收峰，吸收边界约为 506nm；纯 Bi_2MoO_6、$0.1Bi_2MoO_6/Ag_3PO_4$、$0.2Bi_2MoO_6/Ag_3PO_4$ 和 $0.3Bi_2MoO_6/Ag_3PO_4$ 在紫外和可见区域有一定的吸收。$0.1Bi_2MoO_6/Ag_3PO_4$、$0.2Bi_2MoO_6/Ag_3PO_4$ 和 $0.3Bi_2MoO_6/Ag_3PO_4$ 均比纯 Bi_2MoO_6 表现出更强的吸收能力。其中，在 $0.1Bi_2MoO_6/Ag_3PO_4$ 时，吸收效果最好，说明 Bi_2MoO_6 的负载需要适中，多余的负载不利于提高光催化剂的光吸收性能。可见，$0.2Bi_2MoO_6/Ag_3PO_4$ 和 $0.3Bi_2MoO_6/Ag_3PO_4$ 的光吸收弱于 $0.1Bi_2MoO_6/Ag_3PO_4$，这可能是由于过量的 Bi_2MoO_6 负荷在一定程度上掩盖了磷酸银的光吸收。Bi_2MoO_6 和磷酸银催化剂的吸收边界约为 463nm 和 506nm。

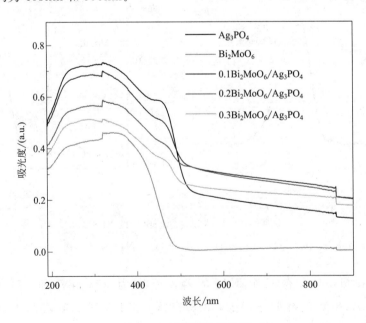

图 4-18　样品的吸收光谱

为了进一步探索 Bi_2MoO_6/Ag_3PO_4 在光催化反应过程中催化剂载体的转移。由公式 $(E_{CB}=X-E_e-0.5E_g$、$E_{VB}=E_{CB}+E_g)$ 分别计算 Bi_2MoO_6/Ag_3PO_4 的导带和价带电势。具体计算结果见表 4-2。

表 4-2　Bi_2MoO_6 和 Ag_3PO_4 的电负性、带隙能、导带和价带电势

催化剂	X	E_g/eV	E_{CB}/eV	E_{VB}/eV
Bi_2MoO_6	6.31	2.68	0.17	2.92
Ag_3PO_4	5.96	2.45	0.25	2.7

4.3.3　Bi_2MoO_6/Ag_3PO_4 光催化剂的性能研究

测定了光催化降解过程中 RhB 含量的变化，RhB 在 553nm 处的特征峰逐渐下降，图 4-19(a) 中经过 25min 照射后，553nm 处的峰值消失，表明 RhB 偶氮结构已被破坏。

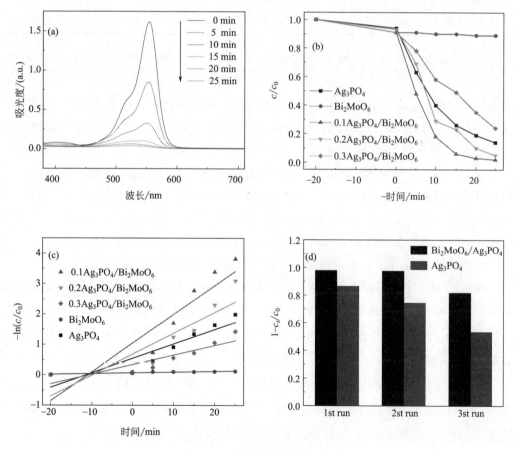

图 4-19　样品光催化降解 RhB

(a) $0.1Bi_2MoO_6/Ag_3PO_4$ 降解 RhB 模拟污染物的全波长扫描图；(b) 不同催化剂对 RhB 的降解；(c) 一级动力学拟合图；(d) Ag_3PO_4 和 $0.1Bi_2MoO_6/Ag_3PO_4$ 循环三次的稳定性测试

图 4-19(b) 是不同催化剂如磷酸银、Bi_2MoO_6、$0.1Bi_2MoO_6/Ag_3PO_4$、$0.2Bi_2MoO_6/Ag_3PO_4$ 和 $0.3Bi_2MoO_6/Ag_3PO_4$ 对 RhB 降解的影响。经 25min 辐照后，Ag_3PO_4、Bi_2MoO_6、$0.2Bi_2MoO_6/Ag_3PO_4$ 和 $0.3Bi_2MoO_6/Ag_3PO_4$ 的降解率分别为 86%、11%、98%和76%。这说明纯 Bi_2MoO_6 的效果最差。辐照 25min 后，RhB 降解率最高，$0.1Bi_2MoO_6/Ag_3PO_4$ 的光催化降解率达到 98%。因此，Ag_3PO_4 可以明显地加速 Bi_2MoO_6 光催化剂的光散射性能。

表 4-3　光催化降解过程的动力学模拟

催化剂	k/min^{-1}	回归方程	R^2
Ag_3PO_4	0.04748	$-\ln(c/c_0)0.04748x+0.5412$	0.83246
Bi_2MoO_6	0.00248	$-\ln(c/c_0)0.00248x+0.0691$	0.85184
$0.1 Bi_2MoO_6/Ag_3PO_4$	0.09457	$-\ln(c/c_0)0.09457x+1.03981$	0.81177
$0.2 Bi_2MoO_6/Ag_3PO_4$	0.06879	$-\ln(c/c_0)0.06879x+0.67806$	0.76986
$0.3 Bi_2MoO_6/Ag_3PO_4$	0.03151	$-\ln(c/c_0)0.03151x+0.3367$	0.80063

照射 25min 后，$0.1Bi_2MoO_6/Ag_3PO_4$ 对 RhB 的光催化降解率为 98%。显然，$0.1Bi_2MoO_6/Ag_3PO_4$ 的光催化性能具有重要价值。从图中显示的信息，图 4-19(c) 的动力学行为符合一级动力学模式。此外，通过线性拟合得到的 k 值见表 4-3。Ag_3PO_4、Bi_2MoO_6、$0.1Bi_2MoO_6/Ag_3PO_4$、$0.2Bi_2MoO_6/Ag_3PO_4$ 和 $0.3Bi_2MoO_6/Ag_3PO_4$ 的反应速率常数分别为 $0.04748min^{-1}$、$0.00248min^{-1}$、$0.09457min^{-1}$、$0.06879min^{-1}$ 和 $0.03151min^{-1}$。在本研究中，$0.1Bi_2MoO_6/Ag_3PO_4$ 的反应速率常数 $0.09457min^{-1}$ 明显最高。因此，Ag_3PO_4 与 Bi_2MoO_6 的结合增强了其光催化性能。图 4-19(d) 为 Ag_3PO_4 和 $0.1Bi_2MoO_6/Ag_3PO_4$ 的稳定性试验示意图。3 次重复后，Ag_3PO_4 对 RhB 的光催化降解效果衰减到 53%，而 $0.1Bi_2MoO_6/Ag_3PO_4$ 的降解效果保持在 82%。因此，由磷酸银和 Bi_2MoO_6 形成的复合材料具有较好的稳定性。

图 4-20 显示了不同捕获因子对光催化效果的影响。IPA 的加入对 RhB 的光催化降解过程影响不大。但加入 BQ 和 TEOA 后，光催化降解过程明显受到抑制。由此可见，$0.1Bi_2MoO_6/Ag_3PO_4$ 中的 h^+（空穴）和 $O_2^{\cdot-}$（超氧负离子）对 RhB 的光催化降解起着最为重要的作用。

根据图 4-21，Ag_3PO_4 的价带电位约为 2.7eV，导电带电位约为 0.25eV，其带隙为 2.45eV。Bi_2MoO_6 的导带电位水平为 0.47eV，价带电位水平为 3.15eV，其带隙宽度为 2.45eV。Bi_2MoO_6 和 Ag_3PO_4 都可以被激发形成光生电子和空穴。

在图 4-21 中，Ag_3PO_4 可以通过吸收可见光光子（$Ag_3PO_4 + h\nu \longrightarrow e^- + h^+$）来产生光生电子-空穴对。$Bi_2MoO_6$ 吸收可见光子，形成光生电子和空穴（$Bi_2MoO_6 + h\nu \longrightarrow e^- + h^+$）。$Bi_2MoO_6$ 导带上的光生空穴与 Ag_3PO_4 价带上的光生空穴结合。Ag_3PO_4 形成的光生电子的能量为 0.25eV，并不比超氧自由基（$O_2^{\cdot-}$）的形成能为

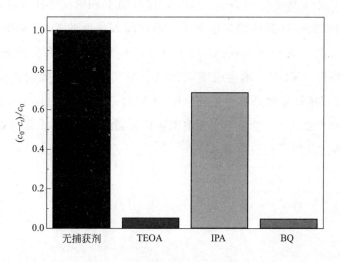

图 4-20　光催化反应中自由基捕获实验

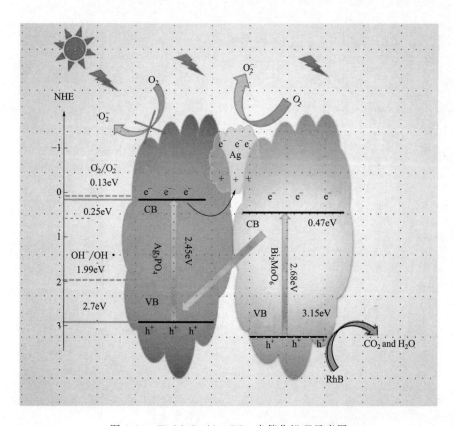

图 4-21　Bi_2MoO_6/Ag_3PO_4 光催化机理示意图

0.13eV 更负。因此，由 Ag_3PO_4 形成的光生电子不能与氧结合形成超氧自由基。由于光生电子在 Ag_3PO_4 导电带上的持续积累，再加上 Ag_3PO_4 光催化剂的光敏效应，形成了一些银纳米粒子（$Ag^+ + e^- \longrightarrow Ag$）。另一方面，银纳米粒子可以吸收光子并产生光激发电子-空穴对（$Ag + h\nu \longrightarrow e^- + h^+$），这有助于 SPR（表面等离子体共振）。Ag 表面的溶解氧可以捕获高活性的高能电子，形成高氧化性的 $O_2^{\cdot -}$ 来降解 RhB（$e^- + O_2 \longrightarrow O_2^{\cdot -}$ 和 $O_2^{\cdot -} + RhB \longrightarrow CO_2 + H_2O$）。$Bi_2MoO_6$ 价带上的光生空穴能量为 3.15eV，高于羟基（·OH）的生成能 1.99eV。它可以通过与吸附在复合物表面的污染物发生反应，直接氧化和分解污染物（$h^+ + RhB \longrightarrow CO_2 + H_2O$）。基于以上分析，$Bi_2MoO_6$ 价带中产生的光生空穴和 Ag 纳米颗粒表面形成的 $O_2^{\cdot -}$ 是主要影响因素，与图 4-20(d) 中的捕获因子实验结果一致。

参 考 文 献

[1] Fujishima A，Honda K. Electrochemical photolysis of water at a semiconductor electrode. [J]. Nature，1972，238 (5358)：37-38.

[2] Qu Y，Duan X. Progress，challenge and perspective of heterogeneous photocatalysts [J]. Chemical Society Reviews，2013，42 (7)：2568-2580.

[3] Chen X，Shen S，Guo L，et al. Semiconductor-based Photocatalytic Hydrogen Generation [J]. Chemical Reviews，2010，110 (11)：6503-6570.

[4] ABE R. Recent progress on photocatalytic and photoelectrochemical water splitting under visible light irradiation [J]. Journal of Photochemistry & Photobiology C Photochemistry Reviews，2010，11 (4)：179-209.

[5] Ahmed M，Mavukkandy M O，Giwa A，et al. Recent developments in hazardous pollutants removal from wastewater and water reuse within a circular economy [J]. NPJ Clean Water，2022，5 (1)：12.

[6] Asahi R，Morikawa T，Irie H，et al. Nitrogen-doped titanium dioxide as visible-light-sensitive photocatalyst：designs，developments，and prospects [J]. Chemical Reviews，2014，114 (19)：9824-52.

[7] Dvoranová，Dana，Brezová，Vlasta，Mazúr，Milan，et al. Investigations of metal-doped titanium dioxide photocatalysts [J]. Applied Catalysis B Environmental，2002，37 (2)：91-105.

[8] Konta R，Ishii T，Kato H，et al. Photocatalytic Activities of Noble Metal Ion Doped $SrTiO_3$ Under Visible Light Irradiation [J]. ChemInform，2004，108 (26)：8992-8995.

[9] Chiarello G L，Aguirre M H，Selli E. Hydrogen production by photocatalytic steam reforming of methanol on noble metal-modified TiO_2 [J]. Journal of Catalysis，2010，273 (2)：182-190.

[10] Fu P，Zhang P. Uniform dispersion of Au nanoparticles on TiO_2 film via electrostatic self-assembly for photocatalytic degradation of bisphenol A [J]. Applied Catalysis B Environmental，2010，96 (1)：176-184.

[11] Sasirekha N，Basha S J S，Shanthi K. Photocatalytic performance of Ru doped anatase mounted on silica for reduction of carbon dioxide [J]. Applied Catalysis B Environmental，2006，62 (1-2)：169-180.

[12] Chang Y，Xu J，Zhang Y，et al. Optical Properties and Photocatalytic Performances of Pd Modified ZnO Samples [J]. The Journal of Physical Chemistry C，2009，113 (43)：18761-18767.

[13] Sathish Kumar P S，Manivel A，Anandan S. Synthesis of Ag-ZnO nanoparticles for enhanced photocatalytic degradation of acid red 88 in aqueous environment [J]. Water Science & Technology，2009，59 (7)：1423-1429.

[14] Chakrabarti S，Chaudhuri B，Bhattacharjee S，et al. Photo-reduction of hexavalent chromium in aqueous solution in the presence of zinc oxide as semiconductor catalyst [J]. Chemical Engineering Journal，2009，153 (1-3)：86-93.

[15] Li Z，Fang Y，Zhan X，et al. Facile preparation of squarylium dye sensitized TiO_2 nanoparticles and their enhanced visible-light photocatalytic activity [J]. Journal of Alloys and Compounds，2013，564：138-142.

[16] He Z，Sun C，Yang S，et al. Photocatalytic degradation of rhodamine B by Bi_2WO_6 with electron accepting agent under microwave irradiation：Mechanism and pathway [J]. Journal of Hazardous Materials，2009，162 (2-3)：1477-1486.

[17] Shang J，Zhao F W，Zhu T，et al. Photocatalytic degradation of rhodamine B by dye-sensitized TiO_2 under visible-light irradiation [J]. Scientia Sinica Chimica，2011，54 (1)：167-172.

[18] Zhao J，Chen C，Ma W. Photocatalytic Degradation of Organic Pollutants Under Visible Light Irradiation [J]. Topics in Catalysis，2005，35 (3-4)：269-278.

[19] Guo J，Ouyang S，Li P，et al. A new heterojunction Ag_3PO_4/Cr-$SrTiO_3$ photocatalyst towards efficient

elimination of gaseous organic pollutants under visible light irradiation [J]. Applied Catalysis B: Environmental, 2013, 134-135 (Complete): 286-292.

[20] Xu Q C, Wellia D V, Ng Y H, et al. Synthesis of Porous and Visible-Light Absorbing Bi_2WO_6/TiO_2 Heterojunction Films with Improved Photoelectrochemical and Photocatalytic Performances [J]. The Journal of Physical Chemistry C, 2011, 115 (15): 7419-7428.

[21] Jiang R, Li B, Fang C, et al. Metal/Semiconductor Hybrid Nanostructures for Plasmon-Enhanced Applications [J]. Advanced Materials, 2014, 26 (31): 5274-5309.

[22] Wang P, Huang B, Dai Y, et al. Plasmonic photocatalysts: harvesting visible light with noble metal nanoparticles [J]. Physical Chemistry Chemical Physics, 2012, 14 (28): 9813.

[23] Kelly K L, Coronado E, Zhao L L, et al. The Optical Properties of Metal Nanoparticles: The Influence of Size, Shape, and Dielectric Environment [J]. Cheminform, 2003, 34 (16): 668-77.

[24] Zheng Z, Huang B, Qin X, et al. Facile in situ synthesis of visible-light plasmonic photocatalysts $M@TiO_2$ (M = Au, Pt, Ag) and evaluation of their photocatalytic oxidation of benzene to phenol [J]. Journal of Materials Chemistry, 2011, 21 (25): 9079.

[25] Yang J, Wang D, Han H, et al. Roles of Cocatalysts in Photocatalysis and Photoelectrocatalysis [J]. Acc Chem Res, 2013, 46 (8): 1900-1909.

[26] Fan W, Zhang Q, Wang Y. Semiconductor-based nanocomposites for photocatalytic H_2 production and CO_2 conversion [J]. Physical Chemistry Chemical Physics, 2013, 15 (8).

[27] Yu J, Wang S, Low J, et al. Enhanced photocatalytic performance of direct Z-scheme $g\text{-}C_3N_4\text{-}TiO_2$ photocatalysts for the decomposition of formaldehyde in air [J]. Physical Chemistry Chemical Physics, 2013, 15.

[28] 张江. 改性 Bi_2WO_6 的制备、表征及其光催化性能 [D]. 清华大学, 2012.

[29] Wrighton, Mark S. Photoelectrochemical conversion of optical energy to electricity and fuels [J]. Accounts of Chemical Research, 1979, 12 (9): 303-310.

[30] Ashokkumar M. An overview on semiconductor particulate systems for photoproduction of hydrogen [J]. International Journal of Hydrogen Energy, 1998, 23 (6): 427-438.

[31] Guan X, Shi J, Guo L. Ag_3PO_4 photocatalyst: Hydrothermal preparation and enhanced O_2 evolution under visible-light irradiation [J]. International Journal of Hydrogen Energy, 2013, 38 (27): 11870-11877.

[32] Wang X, Maeda K, Thomas A, et al. A metal-free polymeric photocatalyst for hydrogen production from water under visible light [J]. Nature Materials, 2008, 8 (1): 76-80.

[33] Xi F, Qi L, Wang, et al. Preparation and Photocatalytic Properties of $g\text{-}C_3N_4/TiO_2$ Hybrid Composite [J]. Journal of Materials Science & Technology, 2010, 26 (10): 925-930.

[34] Yu J, Wang K, Xiao W, et al. Photocatalytic reduction of CO_2 into hydrocarbon solar fuels over $g\text{-}C_3N_4\text{-}Pt$ nanocomposite photocatalysts [J]. Physical Chemistry Chemical Physics, 2014, 16 (23): 11492-11501.

[35] Zhang L, Ni C, Jiu H, et al. One-pot synthesis of $Ag\text{-}TiO_2$/reduced graphene oxide nanocomposite for high performance of adsorption and photocatalysis [J]. Ceramics International, 2017, 43 (7): 5450-5456.

[36] Gao P, Liu J, Sun D D, et al. Graphene oxide–CdS composite with high photocatalytic degradation and disinfection activities under visible light irradiation [J]. Journal of Hazardous Materials, 2013, 250-251: 412-420.

[37] Ren Y, Chen M, Zhang Y, et al. Fabrication of rattle-type TiO_2/SiO_2 core/shell particles with both high photoactivity and UV-shielding property [J]. Langmuir, 2010, 26 (13): 11391-11396.

[38] Chen Y, Liu K. Fabrication of Ce/N co-doped TiO_2/diatomite granule catalyst and its improved visible-light-driven photoactivity [J]. Journal of hazardous materials, 2017, 324: 139-150.

[39] Wu X, Yin S, Dong Q, et al. Photocatalytic properties of Nd and C codoped TiO_2 with the whole range of vis-

ible light absorption [J]. The Journal of Physical Chemistry C, 2013, 117 (16): 8345-8352.

[40] Nasir M, Xi Z, Xing M, et al. Study of synergistic effect of Ce-and S-codoping on the enhancement of visible-light photocatalytic activity of TiO_2 [J]. The Journal of Physical Chemistry C, 2013, 117 (18): 9520-9528.

[41] Ren X, Wu K, Qin Z, et al. The construction of type II heterojunction of Bi_2WO_6/BiOBr photocatalyst with improved photocatalytic performance [J]. Journal of Alloys and Compounds, 2019, 788: 102-109.

[42] Fu J, Xu Q, Low J, et al. Ultrathin 2D/2D WO_3/g-C_3N_4 step-scheme H_2-production photocatalyst [J]. Applied Catalysis B: Environmental, 2019, 243: 556-565.

[43] Xu Q, Zhang L, Cheng B, et al. S-scheme heterojunction photocatalyst [J]. Chem, 2020, 6 (7): 1543-1559.

[44] Joice M R S, David T M, Wilson P. WO_3 nanorods supported on mesoporous TiO_2 nanotubes as one-dimensional nanocomposites for rapid degradation of methylene blue under visible light irradiation [J]. The Journal of Physical Chemistry C, 2019, 123 (45): 27448-27464.

[45] He X, Hu C, Xi Y, et al. Three-dimensional Ag_2O/WO_3·0.33 H_2O heterostructures for improving photocatalytic activity [J]. Materials Research Bulletin, 2014, 50: 91-94.

[46] Gates B, Mayers B, Wu Y, et al. Synthesis and Characterization of Crystalline Ag_2Se Nanowires Through a Template-Engaged Reaction at Room Temperature [J]. Advanced Functional Materials, 2002, 12 (10).

[47] Wen X, Yang S. Cu_2S/Au Core/Sheath Nanowires Prepared by a Simple Redox Deposition Method [J]. Nano Letters, 2002, 2 (5).

[48] He R, Law M, Fan R, et al. Functional Bimorph Composite Nanotapes [J]. Nano Letters, 2002, 2 (10): 1109-1112.

[49] Zhang D, Qi L, Ma J, et al. Formation of Silver Nanowires in Aqueous Solutions of a Double-Hydrophilic Block Copolymer [J]. Chemistry of Materials, 2001, 13 (9): 2753-2755.

[50] Li J, Yang W, Ning J, et al. Rapid formation of Ag_nX (X= S, Cl, PO_4, C_2O_4) nanotubes via an acid-etching anion exchange reaction [J]. Nanoscale, 2014, 6 (11): 5612-5615.

[51] Song L, Zhao X, Cao L, et al. Synthesis of rare earth doped TiO_2 nanorods as photocatalysts for lignin degradation [J]. Nanoscale, 2015, 7 (40): 16695-16703.

[52] Linsebigler A L, Lu G, Yates J T. Photocatalysis on TiO_2 Surfaces: Principles, Mechanisms, and Selected Results [J]. Chemical Reviews, 1995, 95 (3): 735-758.

[53] Xiao J Q, Mdlovu N V, Lin K S, et al. Degradation of rhodamine B under visible-light with nanotubular Ag@AgCl@AgI photocatalysts [J]. Catalysis Today, 2020, 358: 155-163.

[54] Xue J, Ma S, Zhou Y, et al. Facile synthesis of Ag_2O/N-doped helical carbon nanotubes with enhanced visible-light photocatalytic activity [J]. RSC advances, 2015, 5 (5): 3122-3129.

[55] Xiao J Q, Lin K S, Yu Y. Novel Ag@AgCl@AgBr heterostructured nanotubes as high-performance visible-light photocatalysts for decomposition of dyes [J]. Catalysis Today, 2018, 314: 10-19.

[56] Li C, Han Y, Zhao G. Synthesis of Ag/AgCl/TiO_2 nanotubes: a highly efficient visible light photocatalyst [J]. Journal of Materials Science: Materials in Electronics, 2017, 28 (2): 1895-1900.

[57] Wan J, Sun L, Fan J, et al. Facile synthesis of porous Ag_3PO_4 nanotubes for enhanced photocatalytic activity under visible light [J]. Applied Surface Science, 2015, 355: 615-622.

[58] 施欢贤. 新型铋系可见光复合光催化体系的构建及其杀灭 E. coli 性能研究 [D]. 西北大学, 2020.

[59] 班垚. 晶面调控 TiO_2 高效光催化剂的制备及其催化性能研究 [D]. 中北大学, 2022. DOI: 10.27470/d. cnki. ghbgc. 2022. 001002.

[60] 杨泽康. 磷化物负载多孔 g-C_3N_4 可见光光催化剂的制备及其性能研究 [D]. 黑龙江大学, 2020.

［61］ 段毅. Ag$_3$PO$_4$ 和 g-C$_3$N$_4$ 基光催化剂的制备及可见光降解典型药物的研究 ［D］. 湖南大学，2020.

［62］ 崔凌恺. Ag 负载树枝状堆簇的三维多孔 Cu$_2$O 结构的构筑及光催化还原 CO$_2$ 性能研究 ［D］. 太原理工大学，2022. DOI：10.27352/d.cnki.gylgu.2022.000026.

［63］ 李嫚. 铋基、银基光催化材料的制备及其性能研究 ［D］. 辽宁科技大学，2016.

［64］ Huang D，Qin X，Xu P，et al. Composting of 4-nonylphenol-contaminated river sediment with inocula of Phanerochaete chrysosporium ［J］. Bioresource Technology，2016，221：47-54.

［65］ Chen Y，Liu K. Preparation and characterization of nitrogen-doped TiO$_2$/diatomite integrated photocatalytic pellet for the adsorption-degradation of tetracycline hydrochloride using visible light ［J］. Chemical Engineering Journal，2016，302：682-696.

［66］ Lin Y，Li D，Hu J，et al. Highly efficient photocatalytic degradation of organic pollutants by PANI-Modified TiO$_2$ composite ［J］. Journal of Physical Chemistry C，2012，116（9）：5764-5772.

［67］ Jian Z，Xuan H L，Meiling P，et al. Ag-doped TiO$_2$ hollow microspheres with visible light response by template-free route for removal of tetracycline hydrochloride from aqueous solution ［J］. Materials Research Express，2018，5（6）：5008.

［68］ Shi Y Y，Yan Z W，Wang B. Adsorption and photocatalytic degradation of tetracycline hydrochloride using a palygorskite-supported Cu$_2$O-TiO$_2$ composite ［J］. Applied Clay Science，2016，119：311-320.

［69］ Hailili R，Wang Z，Xu M，et al. Layered nanostructured ferroelectric perovskite Bi$_5$FeTi$_3$O$_{15}$ for visible light photodegradation of antibiotics ［J］. Journal of Materials Chemistry A，2017，10：1039.

［70］ Zheng J J，Cui J，Jiao M Z，et al. A visible-light-driven heterojuncted composite WO$_3$/Bi$_{12}$O$_{17}$Cl$_2$：synthesis，characterization，and improved photocatalytic performance ［J］. Journal of Colloid and Interface Science，2018，510：20-31.

［71］ Fujishima K H. Electrochemical photolysis of water at a semiconductor electrode ［J］. Nature，1972，

［72］ 王颖. Ag$_3$PO$_4$ 基光催化剂的制备及在制药废水处理中的应用 ［D］. 东北师范大学，2020. DOI：10.27011/d.cnki.gdbsu.2020.000214.

［73］ Kim H G，Borse P H，Jang J S，et al. Fabrication of CaFe$_2$O$_4$/MgFe$_2$O$_4$ bulk heterojunction for enhanced visible light photocatalysis ［J］. Chemical Communications，2009，39（39）：5889-5891.

［74］ Min Y L，Zhang K，Chen Y C，et al. Synthesis of nanostructured ZnO/Bi$_2$WO$_6$ heterojunction for photocatalysis application ［J］. Separation and Purification Technology，2012，92（none）：115-120.

［75］ Cho I S，Chen Z，Forman A J，et al. Branched TiO$_2$ nanorods for photoelectrochemical hydrogen production ［J］. Nano Letters，2011，11（11）：4978-4984.

［76］ Li X P，Lu X X. International trade，pollution industry transfer and Chinese industries' CO$_2$ emissions ［J］. Economic Research Journal，2010（3）：89-99.

［77］ Jacobson M Z. Enhancement of local air pollution by urban CO$_2$ domes ［J］. Environmental Science and Technology，2010，44（7）：2497-2502.

［78］ 徐用军，陈福明，朱明阳. 二氧化碳还原技术的研究进展 ［J］. 化工进展，1995，（3 期）：22-27.

［79］ Liu Q，Zhou Y，Tian Z，et al. Zn$_2$GeO$_4$ crystal splitting toward sheaf-like，hyperbranched nanostructures and photocatalytic reduction of CO$_2$ into CH$_4$ under visible light after nitridation ［J］. Journal of Materials Chemistry，2012，22（5）：2033-2038.

［80］ Ikeue K，Mukai H，Yamashita H，et al. Characterization and photocatalytic reduction of CO$_2$ with H$_2$O on Ti/FSM-16 synthesized by various preparation methods ［J］. Journal of Synchrotron Radiation，2001，8（Pt 2）：640-642.

［81］ Yu J，Lei J，Wang L，et al. TiO$_2$ inverse opal photonic crystals：Synthesis，modification，and applications-

A review [J]. Journal of Alloys and Compounds，2018，769：740-757.

[82] QI L，CHENG B，YU J，et al. High-surface area mesoporous Pt/TiO₂ hollow chains for efficient formalde-hyde decomposition at ambient temperature [J]. Journal of Hazardous Materials，2016，301：522-530.

[83] NA H，ZHU T，LIU Z. Effect of preparation method on the performance of Pt-Au/TiO₂ catalysts for the cat-alytic co-oxidation of HCHO and CO [J]. Catalysis Science and Technology，2014，4 (7)：2051-2057.

[84] Shiraishi F，Yamaguchi S，Ohbuchi Y，et al. A rapid treatment of formaldehyde in a highly tight room using a photocatalytic reactor combined with a continuous adsorption and desorption apparatus [J]. Chemical Engineer-ing Science，2003，58 (3)：929-934.

[85] Yuan Q，Wu Z，Jin Y，et al. Photocatalytic cross-coupling of methanol and formaldehyde on a rutile TiO₂ (110) surface [J]. Journal of the American Chemical Society，2013，135 (13)：5212-5219.

[86] 刘瑞来，刘俊劭，江慧华. 纳米材料在光催化废水中的应用研究进展 [J]. 武夷学院学报，2012，(2)：49-55.

[87] Islam M A，Tateishi I，Furukawa M，et al. Evaluation of reaction mechanism for photocatalytic degradation of dye with self-Sensitized TiO₂ under visible light irradiation [J]. Journal of Inorganic Non-metallic Materials，2017，07 (01)：1-7.

[88] Li T，Zhao L，He Y，et al. Synthesis of g-C₃N₄/SmVO4 composite photocatalyst with improved visible light photocatalytic activities in RhB degradation [J]. Applied Catalysis B Environmental，2013：255-263.

[89] 孙涛. 金属相 MoS₂ 和 TiO₂ 纳米管复合材料的制备及其光催化性能研究 [D]. 中国计量大学，2022. DOI：10. 27819/d. cnki. gzgjl. 2022. 000001.

[90] 李晓红. 多金属氧酸盐基复合纳米材料的设计及光催化固氮性能研究 [D]. 东北师范大学，2020. DOI：10. 27011/d. cnki. gdbsu. 2020. 000362.

[91] Liang H Y，Li J Z，Tian Y W. Construction of full-spectrum-driven Ag-g-C₃N₄/W₁₈O₄₉ heterojunctioncatalyst with outstanding N₂ photofixation ability [J]. RSC Adv. ，2017，7 (68)：42997-43004.

[92] Li L，Wang Y C，Vanka S，et al. Nitrogen photofixation over Ⅲ-nitride nanowires assisted byruthenium clus-ters of low atomicity [J]. Angew. Chem. ，Int. Ed. ，2017，129 (30)：8827-8831.

[93] Xue X L，Chen R P，Yan C Z，et al. Review on photocatalytic and electrocatalytic artificial nitrogenfixation for ammonia synthesis at mild conditions：advances，challenges and perspectives [J]. Nano Res. ，2019，12 (6)：1229-1249.

[94] MacKay B A，Fryzuk M D. Dinitrogen coordination chemistry：on the biomimetic borderlands [J]. Chem. Rev. ，2004，104 (6)：385-401.

[95] Tao H C，Choi C，Ding L X，et al. Nitrogen fixation by Ru single-atom electrocatalytic reduction [J]. Chem，2018，5：1-11.

[96] Chen X Z，Li N，Kong Z Z，et al. Photocatalytic fixation of nitrogen to ammonia：state-of-the-artadvance-ments and future prospects [J]. Mater. Horiz. ，2018，5 (1)：9-27.

[97] Yan D F，Li H，Chen C，et al. Defect engineering strategies for nitrogen reduction reactions underambient conditions [J]. Small Methods，2019，3 (6)：1800331.

[98] Azofra L M，Li N，MacFarlane D R，et al. Promising prospects for 2D d2-d4 M₃C₂ transition metalcarbides (MXenes) in N₂ capture and conversion into ammonia [J]. Energy Environ. Sci. ，2016，9 (8)：2545-2549.

[99] Cheng M，Xiao C，Yi Y. Photocatalytic nitrogen fixation：the role of defects in photocatalysts [J]. J. Mater. Chem. A，2019，7 (34)：19616-19633.

[100] Gambarotta S，Scott J. Multimetallic cooperative activation of N₂ [J] . Angew. Chem. Int. Ed. ，2004，43 (40)：5298-5308.

［101］ Diarmand-Khalilabad H，Habibi-Yangjeh A，Seifzadeh D，et al. g-C_3N_4 nanosheets decorated withcarbon dots and CdS nanoparticles：Novel nanocomposites with excellent nitrogen photofxation abilityunder simulated solar irradiation ［J］. Ceram. Int.，2019，45：2542-2555.

［102］ Wang Z H，Hu X，Liu Z Z，et al. Recent developments in polymeric carbon nitride-derivedphotocatalysts and electrocatalysts for nitrogen fixation ［J］. ACS Catal.，2019，9 (11)：10260-10278.

［103］ 展思辉，马双龙，贾亚男，史强，周启星. 银修饰的 g-C_3N_4 可见光光催化材料的消毒应用 ［C］//. 全国环境纳米技术及生物效应学术研讨会摘要集. 2016：87.

［104］ Chen L，Song X L，Ren J T，et al. Precisely modifying Co_2P/black TiO_2 S-scheme heterojunction by in situ formed P and C dopants for enhanced photocatalytic H_2 production ［J］. Applied Catalysis B：Environmental，2022，315：121546.

［105］ R. C. Pawar，Y. J. Pyo，S. H. Ahn，C. S. Lee，Appl. Catal. B：Environ.，2015，176：654-666.

［106］ X. C. Wang，K. Maeda，A. Thomas，K. Takanabe，G. Xin，J. M. Carlsson，K. Domen，M. Antonietti，Nat. Mater.，2009，8：76-80

［107］ Montgomery M A，Elimelech M. Water and sanitation in developing countries：including health in the equation ［J］. Environ Sci Technol，2007，41 (1)：17-24.

［108］ Matsunaga T，Tomoda R，Nakajima T，et al. Photo-electrochemical sterilization of microbial cells by semiconductor powders ［J］. FEMS Microbiol Lett，1985，29 (1-2)：211-214.

［109］ Wang P，Huang B B，Qin X Y，et al. Ag/$AgBr$/$WO_3 \cdot H_2O$：Visible-light photocatalyst for bacteria destruction ［J］. Inorg Chem，2009，48 (22)：10697-10702.

［110］ Liu L，Liu Z，Bai H，et al. Concurrent filtration and solar photocatalytic disinfection/degradation using high-performance Ag/TiO_2 nanofiber membrane ［J］. Water Res，2012，46 (6)：1101-1112.

［111］ 殷鸿飞. 可见光响应银基直接 Z-scheme 光催化剂的设计及性能研究 ［D］. 南京理工大学，2021.

［112］ 吴熙. 基于金属（Ag，K，Au）调控 g-C_3N_4 电子结构和光催化性能及机制研究 ［D］. 东华理工大学，2019.

［113］ Huang Jiao，Dou Lin，Li Jianzhang，et al. Excellent visible light responsive photocatalytic behavior of Ndoped TiO_2 toward decontamination of organic pollutants ［J］. Journal of Hazardous Materials，2021，403：123857.

［114］ Asahi R，Morikawa T，Ohwaki T，et al. Visible-light photocatalysis in nitrogen-d oped titanium oxides ［J］. Science，2001，293 (5528)：269-271.

［115］ Ran Yu，Zhong Junbo，Li Jianzhang，et al. Substantially boosted photocatalytic detoxification activity of TiO_2 benefited from Eu doping ［J］. Environmental Tech nology，2021，Latest Articles.

［116］ Liu W，Wei C，Wang G，et al. In situ synthesis of plasmonic Ag@AgI/TiO_2 nanocomposites with enhanced visible photocatalytic performance ［J］. Ceramics International，2019，45 (14)：17884-17889.

［117］ Liu W，Jin R，Hu L，et al. Facile fabrication of Ag-Bi_2GeO_5 microflowers and the high photodegradable performance on RhB ［J］. Journal of Materials Science：Materials in Electronics，2019，30 (11)：10912-10922.

［118］ Liu W，Hu S，Wang Y，et al. Anchoring plasmonic Ag@$AgCl$ nanocrystals onto $ZnCo_2O_4$ microspheres with enhanced visible photocatalytic activity ［J］. Nanoscale Research Letters，2019，14 (1)：1-10.

［119］ Su C，Zhou Y，Zhang L，et al. Enhanced n → π^* electron transition of porous P-doped g-C_3N_4 nanosheets for improved photocatalytic H2 evolution performance ［J］. Ceramics International，2020，46 (6)：8444-8451.

［120］ Huang Z，Zhang Y，Dai H，et al. Highly dispersed Pd nanoparticles hybridizing with 3D hollow-sphere g-

C_3N_4 to construct 0D/3D composites for efficient photocatalytic hydrogen evolution [J]. Journal of Catalysis, 2019, 378: 331-340.

[121] Xing W, Chen G, Li C, et al. Doping effect of non-metal group in porous ultrathin g-C_3N_4 nanosheets towards synergistically improved photocatalytic hydrogen evolution [J]. Nanoscale, 2018, 10 (11): 5239-5245.

[122] Shu Z, Wang Y, Wang W, et al. A green one-pot approach for mesoporous g-C_3N_4 nanosheets with in situ sodium doping for enhanced photocatalytic hydrogen evolution [J]. International journal of hydrogen energy, 2019, 44 (2): 748-756.

[123] 姚远. 微波水热法制备钴、钇和钴-钇掺杂 TiO_2 光催化剂及其光催化活性 [D]. 云南师范大学, 2021. DOI: 10.27459/d.cnki.gynfc.2021.001027.

[124] Manohar A, Krishnamoorthi C. Photocatalytic study and superparamagnetic nature of Zn-doped $MgFe_2O_4$ colloidal size nanocrystals prepared by solvothermal reflux method [J]. Journal of Photochemistry & Photobiology B Biology, 2017, 173: 456.

[125] Schuhl, Y., Baussart, H., Delobel, R., Bras, M.L., Leroy, J.M., & Gengembre, L., et al. Cheminform abstract: study of mixed-oxide catalysts containing bismuth, vanadium, and antimony. preparation, phase composition, spectroscopic characterization, and catalytic oxidation of propene [J]. Chemischer Informationsdienst, 1983, .14 (49), 2055-2069.

[126] Thomas M A, Sun W W, Cui J B. Mechanism of Ag Doping in ZnO Nanowires by Electrodeposition: Experimental and Theoretical Insights [J]. The Journal of Physical Chemistry C, 2012, 116 (10): 6383-6391.

[127] Yang Y, Zhang G, Xu W. Facile synthesis and photocatalytic properties of AgAgClTiO$_2$/rectorite composite [J]. Journal of Colloid & Interface Science, 2012, 376 (1): 217-223.

[128] Xuan X, Yaofang S, Zihong F, et al. Mechanisms for $O_2^{\cdot-}$ and ·OH Production on Flowerlike $BiVO_4$ Photocatalysis Based on Electron Spin Resonance [J]. Frontiers in Chemistry, 2018, 6: 64-70.

[129] Zhang L, Zheng W, Jiu H, et al. Preparation of the anatase/TiO_2 (B) TiO_2 by self-assembly process and the high photodegradable performance on RhB [J]. Ceramics International, 2016, 42 (11): 12726-12734.

[130] Zheng Z, Teo J, Chen X, et al. Correlation of the Catalytic Activity for Oxidation Taking Place on Various TiO_2 Surfaces with Surface OH Groups and Surface Oxygen Vacancies [J]. Chemistry - A European Journal, 2010, 16 (4): 1202-1211.

[131] Erdem B, Hunsicker R A, Simmons G W, et al. XPS and FTIR Surface Characterization of TiO_2 Particles Used in Polymer Encapsulation [J]. Langmuir, 2001, 17 (9): 2664-2669.

[132] Fu H, Pan C, Yao W, et al. Visible-light-induced degradation of rhodamine B by nanosized Bi_2WO_6. [J]. Journal of Physical Chemistry B, 2005, 109 (47): 22432-22438.

[133] Zhuang J, Dai W, Tian Q, et al. Photocatalytic degradation of RhB over TiO_2 bilayer films: effect of defects and their location [J]. Langmuir, 2010, 26 (12): 9686-9694.

[134] Sakthivel S, Shankar M V, Palanichamy M, et al. Enhancement of photocatalytic activity by metal deposition: characterisation and photonic efficiency of Pt, Au and Pd deposited on TiO_2 catalyst [J]. Water Research, 2004, 38 (13): 3000-3008.

[135] Ye L, Liu J, Gong C, et al. Two Different Roles of Metallic Ag on Ag/AgX/BiOX (X = Cl, Br) Visible Light Photocatalysts: Surface Plasmon Resonance and Z-Scheme Bridge [J]. ACS Catalysis, 2012, 2 (8): 1677-1683.

[136] Moulder J F, Chastain J, King R C. Handbook of x-ray photoelectron spectroscopy: a reference book of

standard spectra for identification and interpretation of XPS data [J]. Chemical Physics Letters，1992，220 (1)：7-10.

[137] 王冉，周雪峰，胡学香，et al. Cu₂O-Ag-AgBr/MA 可见光催化剂的制备及其降解 2-氯苯酚的研究 [J]. 环境科学，2014，1 (9)：3417-3421.

[138] Zhang Y，Tang Z R，Fu X，et al. Nanocomposite of Ag-AgBr-TiO₂ as a photoactive and durable catalyst for degradation of volatile organic compounds in the gas phase [J]. Applied Catalysis B Environmental，2011，106 (3)：445-452.

[139] Mahmoud M A，Qian W，El-Sayed M A . Following Charge Separation on the Nanoscale in Cu₂O-Au Nanoframe Hollow Nanoparticles [J]. Nano Letters，2011，11 (8)：3285-3289.

[140] Deng X，Wang C，Zhou E，et al. One-Step Solvothermal Method to Prepare Ag/Cu₂O Composite With Enhanced Photocatalytic Properties [J]. Nanoscale Research Letters，2016，11 (1)：29-33.

[141] Zhang H，Wang G，Chen D，et al. Tuning Photoelectrochemical Performances of Ag-TiO₂ Nanocomposites via Reduction/Oxidation of Ag [J]. Chemistry of Materials，2008，77 (1)：87-95.

[142] Osteryong R A. Standard potentials and aqueous solutions [J]. Journal of Electroanalytical Chemistry &. Interfacial Electrochemistry，1987，221 (1)：289-.295.

[143] Yi Z，Ye J，Kikugawa N，et al. An orthophosphate semiconductor with photooxidation properties under visible-light irradiation [J]. Nature Materials，2010，9 (7)：559-564.

[144] An Y，Zheng P，Ma X. Preparation and visible-light photocatalytic properties of the floating hollow glass microspheres TiO₂/Ag₃PO₄ composites [J]. RSC Advances，2019，9 (9)：721-729.

[145] Fabrication of Ag₃PO₄-PAN composite nanofibers for photocatalytic applications [J]. CrystEngComm，2013.

[146] Li Y，Yu L，Li N，et al. Heterostructures of Ag₃PO₄/TiO₂ mesoporous spheres with highly efficient visible light photocatalytic activity [J]. Journal of colloid and interface science，2015，450：246-253.

[147] Yang X，Cui H，Li Y，et al. Fabrication of Ag₃PO₄-graphene composites with highly efficient and stable visible light photocatalytic performance [J]. Acs Catalysis，2013，3 (3)：363-369.

[148] Geng B，Wei B，Gao H，et al. Ag₂O nanoparticles decorated hierarchical Bi₂MoO₆ microspheres for efficient visible light photocatalysts [J]. Journal of Alloys and Compounds，2017，699：783-787.

[149] Gao R，Song J，Hu Y，et al. Facile synthesis of Ag/Ag₃PO₄ composites with highly efficient and stable photocatalytic performance under visible light [J]. Journal of the Chinese Chemical Society，2017，64 (10)：1172-1180.

[150] Wan J，Liu E，Fan J，et al. In-situ synthesis of plasmonic Ag/Ag₃PO₄ tetrahedron with exposed {111} facets for high visible-light photocatalytic activity and stability [J]. Ceramics International，2015，41 (5)：6933-6940.

[151] Liu Y，Fang L，Lu H，et al. One-pot pyridine-assisted synthesis of visible-light-driven photocatalyst Ag/Ag₃PO₄ [J]. Applied Catalysis B：Environmental，2012，115：245-252.

[152] Wang Y，Yu H，Zhao B，et al. Enhanced visible light-driven photocatalytic performance and stability of Ag₃PO₄ by simultaneously loading AgCl and Fe(Ⅲ) [J]. Applied Surface Science，2020，507：145067.

[153] Feng K，Wang S，Zhang D，et al. Cobalt plasmonic superstructures enable almost 100% broadband photon efficient CO₂ photocatalysis [J]. Advanced Materials，2020，32 (24)：2000014.